# 不可思议的数学

## 必须知道的50个数学知识

吴作乐　吴秉翰

U0193473

北京时代华文书局

**图书在版编目（CIP）数据**

不可思议的数学：必须知道的 50 个数学知识 / 吴作乐，吴秉翰著 .— 北京：
北京时代华文书局，2020.8（2023.8 重印）

ISBN 978-7-5699-3859-3

Ⅰ . ①不… Ⅱ . ①吴… ②吴… Ⅲ . ①数学—青少年读物 Ⅳ . ① 01-49

中国版本图书馆 CIP 数据核字（2020）第 150688 号

北京市版权局著作权合同登记号　图字：01-2017-5272

本著作通过四川一览文化传播广告有限公司代理，由台湾五南图书出版股份有限公
司授权北京时代华文书局有限公司出版中文简体字版，非经书面同意，不得以任何方式
或任何手段复制、转载或刊登。

## 不可思议的数学：必须知道的 50 个数学知识

BUKESIYI DE SHUXUE:BIXU ZHIDAO DE 50 GE SHUXUE ZHISHI

著　　者 | 吴作乐　吴秉翰

出 版 人 | 陈　涛
责任编辑 | 邢　楠
责任校对 | 陈冬梅
装帧设计 | 程　慧　贾静洁　赵芝英
责任印制 | 訾　敬

出版发行 | 北京时代华文书局 http://www.bjsdsj.com.cn
　　　　　北京市东城区安定门外大街 136 号皇城国际大厦 A 座 8 层
　　　　　邮编：100011　电话：010-64263661　64261528

印　　刷 | 河北京平诚乾印刷有限公司　010-60247905
　　　　　（如发现印装质量问题，请与印刷厂联系调换）

开　　本 | 710mm×1000mm　1/16　　印　张 | 16　　字　数 | 215 千字
版　　次 | 2022 年 3 月第 1 版　　　　印　次 | 2023 年 8 月第 2 次印刷
书　　号 | ISBN 978-7-5699-3859-3
定　　价 | 49.80 元

# 前言

　　大多数人认为数学很难，人为什么学数学？数学有什么用？有用在哪里？都说生活中充斥着数学，但又表现在哪里？我们必须知道数学不仅是科技进步的重要一环，更是人类文明的重要部分。而我们要如何学好数学？从人类学习的模式来看，以艺术领域中最抽象的音乐为例，我们到底是先学会唱歌，还是先学会看、写五线谱？毋庸置疑，我们当然是先会唱歌。我们在学习其他科目时都是先学该科目的艺术面，再学学术面，例如语文是先赏析再解释，历史是先听故事再研究，但是我们的数学教育却是顺序颠倒的：要学生花很多的时间学会看、写"五线谱"（列式子，背公式，解考题），却很少给学生唱歌或听音乐的时间（看到数学，看到活生生的应用）。因此我们的方法是"先学唱歌，再学乐理"，先看图再看数学公式，先看历史、人文、艺术、应用，再来讨论数学原理，进而减少背一大堆公式的过程及大量的机械式练习，重建人们对数学学习的信心和兴趣。此方法已在我的教学实践中被证明是有效的。

　　本书是叙述数学之美的书，而不是叙说数学多有用的书。数学是一门最容易被人们误解的学科，它常被误认为是自然科学的一个分支。事实上，数学固然是所有科学的语言，但是数学的本质和内涵比较接近艺术（尤其是音乐），反而与自然科学的本质相去较远。本书从人类文明发展的脉络来说明数学的本质：它像艺术一样，是人类文化中深具想象力及美感的一部分，是理解民主的不二法门；是培养逻辑思维的唯一道路。在学习过程中，我们发现数学史就是人类发展史，数学发展到哪里，世界就进步到哪里。

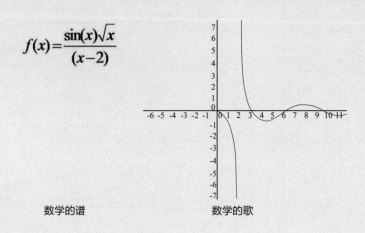

$$f(x) = \frac{\sin(x)\sqrt{x}}{(x-2)}$$

数学的谱　　　　　　　　　　数学的歌

　　人们为何会对数学有误解？其原因大致如下，我们的数学教育只注重快速解题，熟记题型以应付考试的需求，造成学生及家长对数学的刻板印象就是：一大堆做不完的试卷及背诵一大堆公式。在这种环境下，如何能期待学生对数学有学习的动力和兴趣呢？其结果是，用功的学生努力背题型、背公式以得到好成绩。就业后，除了在理工科系统内就职的人，其他人发现生活上只要会加减乘除就够用了，以往多年痛苦的学习显然只是为了考试，数学不但无趣也无用。至于没那么用功的学生早在中学阶段就放弃数学了。因为就投资回报率而言，数学要花太多时间，且考试成绩未必和时间成正比，将这些时间用在别的学科上比较有效益。

　　更糟的是，我们的社会谬误地将数学好不好和聪不聪明画上等号。数学成绩很好的学生表明他对抽象概念的掌握能力不错，仅此而已。至于数学成绩不好的学生也只能说明他的抽象概念掌握能力有待加强，与聪明程度无关。请问，我们会认定一个五音不全的人就是不聪明的吗？

　　此外，我们的教材有很大的改进空间，譬如说，专为考试设计的"假"应用题。最糟糕的是，为了在短时间内塞给学生更多内容，教材被简化成一系列的解题技巧和公式。

　　事实上，数学绝对不是一系列的技巧，这些技巧不过是一小部分，它们远不能代表数学，就好比调配颜色的技巧不能当作绘画一样。换言之，技巧就是将数学这门学问的激情、推理、美和深刻内涵抽离之后的产物。从人类文明的发展来看，数学如果脱离了其丰富的文化内涵，就会被简化成一系列的技巧，它的真实面貌就被完全扭曲了。其结果是：对于数学这样一门基础性的，富有生命力、想象力和美感的学科，大多数人的认知是数学既枯燥，又难学难懂。在这种恶劣的学习环境及社会谬误的影响下，学生及其家长或多或少都会产生"数学焦虑症"（Mathematics Anxiety）。这些症状如下：

（1）考前准备这么多，为何仍考不好？是不是试卷做得不够多？

（2）数学成绩不好，是否显示我不够聪明，以后如何能出人头地？

（3）除了去补习班及跟随名师之外，有没有其他方法可以学好数学，不再害怕数学，甚至喜欢数学？

数学焦虑症不是一天造成的，因此它的"治疗"也要循序渐进。首要是去除我们对数学的误解和恐惧，再服用"解药"（新且有效的学习方法、教材）。本书说明数学于哲学思想和推理方法的影响，塑造了众多流派的绘画和音乐，为政治学说和经济理论提供了理性的依据。作为人类理性精神的化身，数学已经渗透到以前由权威、习惯、迷信所统治的领域，而且取代它们成为思想和行动的指南。然而，更重要的是，数学在令人赏心悦目和美感价值方面，足以和任何艺术形式媲美。因此，我深信应该将数学的"非技巧"部分按历史发展的脉络纳入教材，使学生感受到这门学科之美，从而启发学生的学习动机，大幅降低对数学的恐惧，增加信心，进而体会数学之美。因为学生有自信，才能更有效率地学习"技巧"部分，大幅减少机械式的技巧练习，面对考试可以少背公式仍能得高分，彻底消除学生和家长的数学焦虑症。

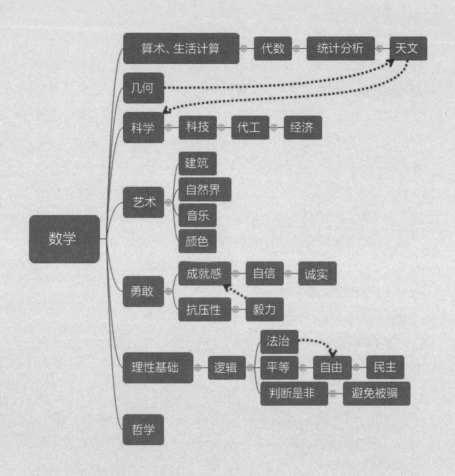

## 本书特色

为了让学生容易学习，本书使用大量图片，使学生可以看到数学家脑中的数学图案与艺术。

在本书出版之际，特别感谢义美食品高志明先生全力支持本书的出版。本书虽经多次修订，缺点与错误仍在所难免，欢迎各界批评指正，以使得本书不断改善。

# 目录

第八章
**其他**

# 数学与文明

数学和音乐能够净化人的灵魂。

**毕达哥拉斯**（Pythagoras）

（前 580—约前 500），古希腊哲学家、数学家和音乐理论家

哲学家也要学数学，因为他必须跳出浩如烟海的万变现象
才能抓住真正的实质。因为这是使灵魂过渡到真理和永存的捷径。

**柏拉图**（Plato）

（前 427—前 347），古希腊哲学家

 为什么学数学？

  大家都说数学很重要，但又不知道数学的重要性体现在哪里，好像学完加减乘除、单位换算、分数、小数，似乎就没有再学习的必要，那我们学习那么多数学知识是为了什么？都说数学是科学的基础，但也无法说服大家继续学数学。先看图1，了解数学如何影响我

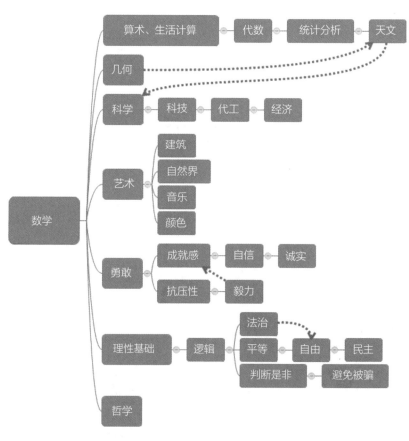

图1

们的生活。

数学的命名源自希腊文mathema，其意义是学习、学问、科学，而后其意义演变为利用符号语言研究数量、结构、变化、空间，再者使用语言表达事物之间的关系，并用抽象化与逻辑推理，拓展出逻辑学、天文学等学问，所以数学是一切学问的基础。它涵盖的范围很广，而非只有算术、图案研究、逻辑三者。数学是理性基础，重理解而非死记硬背，所以我个人非常反对学习珠心算。珠心算是训练人的反射动作，而非理解数学，它会消磨人学习数学的热情，甚至看到数字就害怕，所以轻易不要去学珠心算。

数学好的人大多是心思细腻、考虑周严、做事逻辑性强、学东西较快、理解事物也比较快，并且可以在整件事情的每一个步骤都提出疑问，不合理就不肯继续下一步，找出问题点，能提出相对应的解决方法，具备迎接挑战、充满自信的特质。数学是研究规律的科学，经过经验、观察及推论的逻辑思考之后，进而发现真理，数学是认识世界的方法，它不只是一种计算的工具，而是与所有事情都相关的学科，如算术、科学、民主、哲学、艺术（图形、声音）、美德、工作等，接下来将一一介绍它们之间的关系。我们先介绍数学与哲学的关系。


## 数学与哲学

为什么说数学与哲学有关？哲学家都是逻辑思维能力很强的人，早期的哲学家大多学习逻辑以利于研究天体等，得到知识后向外宣讲得使人信服他，所以数学与哲学具有相当密切的关系。希腊的哲学家以苏格拉底、柏拉图、亚里士多德为代表。三人为师生关系，苏格拉底是柏拉图的老师，柏拉图是亚里士多德的老师。亚里士多德创立了亚里士多德学派，由于教学方式常为一边散步一边授课，又被称为逍遥学派。亚里士多德研究的领域有哲学、物理学、生物学、天文学、气象科学、心理学、逻辑学、伦理学、政治学、艺术美学，几乎涵盖了当时所有的学科。

逻辑与哲学间的关系，不同的人有不同的看法。斯多葛教派认为逻辑是哲学的一部分。而逍遥派认为逻辑是哲学的先修科目。在19世纪前，逻辑、文法、哲学、心理学是同一门学问。到19世纪后，罗素认为逻辑不是哲学，而是数学。而弗雷格宣称，逻辑就是算术，其法则不是自然法则，而是自然法则的法则。也就是说逻辑是一切规则中的基础。

以今天大多数人的感觉，逻辑只是数学的一部分，用来证明数学定理。但其实我们在对话时使用的文法，正是逻辑的延伸。逻辑可以分为两个方向，一个为数学方面，另一个为逻辑基础和逻辑基本观点的分析与探讨，现在称逻辑哲学与形而上学，这两门可被归类为哲学。当我们不去看哲学问题时，可只讨论纯逻辑部分。但我们在厘清哲学的概念时，逻辑是不可或缺的工具，所以逻辑与哲学是密不可分的。希腊人认为，学哲学要先学逻辑，而且可通过学数学来学习逻辑。

学数学的额外价值：勇敢、成就感、抗压性、毅力、自信、诚实。

为何说学数学会带来自信？学习数学是一个认识新东西的过程，需要冒险，挑战自己的怯弱，要勇敢踏出第一步，成功将会带来成就感，失败也可磨炼自己的抗压性，并且不断训练耐性、毅力，最后成为自信的人。自信的数学系学生不屑作弊，间接培养了诚实的品格。所以学习数学可以培养一个人的很多种美德。


## 数学与民主

学习数学是通往民主的唯一道路。

——古希腊哲学家柏拉图

希腊人如何训练民主素养？他们靠学习数学。

数学的思维与辩论方式是孕育民主思想的基石，数学的本质隐含学生和教师是平等的概念。因为数学的推论过程和结论都是客观的，教师不能以权威的方式要求学生接受不合逻辑的推论，学生和教师都必须遵从相同的推论过程得出客观的结论。而且这一套逻辑推论的知识，并非由权势者独占，任何人都可学得。

希腊哲学家明确指出：正确的逻辑推论能力是民主社会的游戏规则。在别的学科，例如历史学，教师的权威见解不容挑战，因为历史学并不像数学具有一套客观的逻辑推论程序。良好的数学教育可以训练学生仔细倾听以及正确且有效地进行推论的素养，而这些长期建立起来的数学素养正是民主社会公民的必备能力。

英国教育学家柯林·汉福德曾写过：很少有历史学者知道，希腊时期的数学教育的主要目的，是促使公民经由逻辑推论的训练，而增强对民主制度的信念和实践，使得公民只接受经由正确逻辑推理得出的论点，而不致被政客与权势者的花言巧语牵着鼻子走。早在公元前500年，希腊文明就已深刻了解到逻辑推理是实践民主的必要条件，因而鼓励人们学习正确的逻辑推论，以对抗当权者及其律师们的修辞学（Rhetoric）的诡论。当时所谓的修辞学诡论和现代政客及媒体的语言相同，也就是以臆测、戏剧化手法、煽情的语言达到曲解事实、扭曲结论的效果。因此，当一个社会用修辞学取代逻辑推论时，民主精神就被摧毁了。

不幸的是，人类不易从历史中得到教训，当今数学教育与民主制度的相依关系完全被忽视了。学校的数学教育只着重数学的实用部分，也就是计算，却完全忽略了数学素养对民主社会的重要性。常听到有人说："我的数学不好，但我的工作只要会加减乘除就够了。"没错，除了从事理、工、商、医之外，文、法、历史及政治学相关工作所用的数学技巧或许只需加减乘除。然而，数学不仅仅是数学技巧（实用的部分），数学素养（正确推理的能力）应是现代社会每个公民的基本能力。数学教育的目标并非训练出科学家、工程师和医生，而是应该像提高识字率一样，使全民不分科系与行业，都具备正确的逻辑推理能力。但我们的数学教育和考试制度长期忽视数学素养的训练，使得专攻文、法、历史及政治学的学生的数学素养普遍较弱。要改变这个状况，必得从数学教育的改革开始。大多数人都可以理解语文教育的目标并非在于造就文学家，而是在教授学生基本语言能力之外，培养他们欣赏文学的能力。同样的道理，数学教育除了对学生进行生活上基本数学技巧（加减乘除）的训练，更重要的是培育现代公民的数学与民主素养，也就是上述的正确推理与独立思考的能力。

　　社会误解数学的主要原因来自错误的数学教育方式：学生被迫做太多的机械式练习；记忆各种题型的标准解法却不注重学习正确的推理方法及其内涵。这种数学教育和民主精神是背道而驰的。老师永远有标准流程与答案，而学生缺乏推理出不同解法的信心。在这种情况下，学生无法领会数学推理的魅力，因而也未能发展出独立思考的能力。

　　学习数学能增加逻辑性，法规也建立在逻辑上，不然不合理的法规无法使人信服。当人们逻辑进步时，对社会稳定性有提升作用，人们会自我检验做事、说话的逻辑正确与否，可以降低口角纷争，甚至可以降低犯罪行为，所以它间接可以提升整个社会风气，所以说数学是民主的基石，是理性的基础。有了数学、逻辑与理性基础后，才能进一步了解平等、民主、自由、法治等内容。难怪柏拉图在学院门口写上："不懂几何学者，不得入此门。"欧几里得是著名的数学家，著有数学经典《几何原本》，影响着几何学的发展。他也曾教导过一位国王几何学，国王虽然有着聪明的头脑，却不肯努力，他认为几何是给普通人学的，他向欧几里得提问："除了《几何原本》，有没有学习几何的捷径？"欧几里得回答："几何无王者之道！"（"There is no royal road to geometry！"）这句话是说，在学习几何的路上，没有专门给国王走的捷径，也意味着，求学没捷径，求知面前人人平等。所以人们的民主素养由学数学产生。

## 知识补充站 ！

希腊人坚持演绎推理是数学证明的唯一方法，这是对人类文明最重要的贡献，它使数学从木匠的工具盒、测量员的背包中解放出来，使得数学成为人们头脑中的一个思想体系。此后，人们开始靠理性，而不是凭感官去判断事物。正是这种推理精神，开辟了西方文明。

——美国数学史家、数学哲学家、数学教育家莫里斯·克莱因

### 数学与科学

数学不等于科学，而科学也不等于科技。我们经常把科学当作科技，把它当作船坚炮利的基础，也把数学当作科学的基础。然而这些讲法太过片面，不够完整。要知道科学与数学都是学习自由、理性的方法，更是学习民主的方式。只是数学是科学的语言，而科学是研究自然界的现象，所以要了解数学不等同于科学。

#### 科学与科技、技术、力量的混淆

大部分人还常把以下名词混为一谈：科学与科技、技术、力量。这也与人的逻辑能力有关，把因果关系当成等号。实际上，先发展科学，再与技术结合，变成科技。为了快速生产科技产品，或避免核心内容被窃，或是为了效率而分工，拆成各部分的技术，之后再组合起来。而这正是大家所看到的最直观的部分——只要有技术，就能得到力量。

所以它的因果关系应该是：有科学→有科技→有技术→有力量。

大家只注重结果，对于其他的"差不多"就好。（见图2）也正是这种习惯，才会使我们对逻辑的注重程度不够。所以当我们能认清本质、注重逻辑、更加严谨，才能发展出逻辑、理性、自由、民主等精神。所以学习理性精神，比学习实际应用更重要。

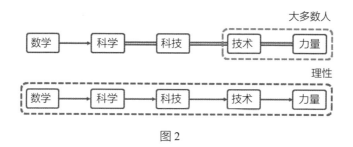

图2

### 环境对数学与科学的影响

我们都知道科技会带来社会进步，科技源自科学，科学源自数学。纵观全球，华人获得诺贝尔科学奖、菲尔兹奖与阿贝尔奖的人数并不多，由此可知，并不是国家人口多，得奖人就多。理论上世界各地的人的智商与创意应该是以常态曲线分布的，各国的得奖人比例应该接近全世界的比例，但实际上不是。先天上的缺陷在理论上是不存在的，也就是并没有哪一个国家的人的头脑特别聪明，所以应该是后天的环境或是教育所致，或者为了谋生而忙碌，使人没有时间去做科学研究。如：受教育权的不均。而环境与教育，两者与文化息息相关。所以是文化限制了人的思想，压抑了创意。而这些问题将导致科学人才稀少，也将导致科学进步的速度变慢。所以科学人才不全然与人口数量有关，而是与文化有关。

一个成功的科学家必出于一个开放的社会，多元包容的环境是培养科学家的关键。魏尔斯特拉斯（Weierstrass，德国数学家）说："不带点诗人味的数学家绝不是完美的数学家。"要培养具有创意的数学家需要环境，有了数学家之后才能推动科学进步。所以文化对于科学进步很重要。同理，统计菲尔兹奖与阿贝尔奖的各国得奖人数，也能得到一样的推论，所以文化对于数学进步非常重要。

文化受很多因素影响——经济、教育、环境等，但能最快改变的因素就是教育。由受新式教育的人带动改变其他因素，当一个社会变成较理性化的社会，具有逻辑思考能力的人变多，社会会更健康有序。所以我们要重视文化问题，先从重视教育开始。

## 数学与工作

已知数学与工作和经济有关，在《数学化力量：发现数学在日常生活中带给我们的快乐和能量》（*Strength in Numbers: Discovering the Joy and Power of Mathematics in Everyday Life*）中，作者斯坦（Sherman K. Stein），提到将数学能力分成六个层级，我们可以更完整地了解数学与工作的相关性。

第一级：一般的加减乘除，运算生活中常见单位的换算，如重量与长度，面积与体积。

以生活应用居多，对应在小学阶段。

第二级：了解分数与小数、负数的运算，会换算百分比、比例，制作条形图。

生活应用居多，并且在商业领域有更清晰的概念，对应在初一阶段。

第三级：在商用数学上有较多的认识，明白利率、折扣、加成、涨价、佣金等。代数部分：公式、平方根的应用。几何部分：更多的平面与立体图形。

抽象概念的加入，对应在初中阶级。

第四级：代数部分：处理基本函数（线性与一元二次方程式）、不等式、指数。几何部分：证明与逻辑、平面坐标的空间坐标。统计概率：认识概念。

数字抽象更高一层，对应初中升高中阶段。

第五级：代数部分：更深入的函数观念，处理指对数、三角函数、微积分。几何部分：平面图形、立体图形、更多的逻辑。统计、概率：排列组合、常态曲线、数据的分析以及图表的制作。

数字更抽象，并且与程式语言有较大的结合，对应高中到大学阶段。

第六级：高等微积分、经济学、统计推论等。对应大学阶段。

各类的职业，所需的数学能力等级，见表1（可供参考）。我们可以利用此职业分类，去想想到底需要怎样的数学能力，然而我们无法保证我们会永远从事同一个职业，而数学能力是高等级包含低等级，也就是第五级可以从事一、二、三、四、五等级的工作，但第二级却无法做第五级的职业。所以在学生时期，应该把数学、逻辑学好，这对于未来的工作有帮助。

一个运动员，为了跑出好成绩，就必须进行很多看似与跑步无关的训练，如：上身协调性，锻炼全身的肌肉使其成为适合跑步的状态。你认为跑步只用到脚吗？其实它要用到更多的身体部位。同理，我们在工作与生活中，都会用到数学。运动员为了取得好成绩，需要反复训练，逐步修正问题。同理，在学生阶段为了获得好的数学成绩，我们需要反复做练习题，但它重在理解，而不是死背公式。

表1

| 工作种类 | 所需数学能力 |
|---|---|
| 工程师、精算师、系统分析、统计师、自然科学家 | 第六级 |
| 建筑师、测量员、生命科学家、社会科学家、健康诊断人员、心理辅导人员、律师、法官、检察官 | 第五级 |
| 决策者、管理者、主管、经理、会计、成本分析、银行人员 | 第四级到第五级 |
| 教师 | 第三级到第六级,随学生而变 |
| 营销业务、收银、售货、主管 | 第三级 |
| 文书、柜台、秘书、行政助理 | 第二级到第三级 |
| 劳工、保姆、美容、消防、警卫、保安 | 第一级到第四级 |
| 作家、运动员、艺人 | 第一级到第二级 |

## 结论

我们可以发现很多工作有其各自对应的数学能力,绝大多数人的数学能力在二到三级就已经足够应付工作所需,少部分人需要达到四级以上。

学法律的人、制定法律的人、执法的人,不管是学文科、理科还是医科都需要学好逻辑,学好数学。

# 数学学习中常见的问题

## 数学成绩与聪明与否无关

大家隐隐约约知道数学成绩与聪明才智没有直接关系，但大家仍然把它们直接串联在一起。在以前，或许还可以激起一些不服输的学生努力学数学。然而现在升学制度的改变、考试科目的变化，以及各种诱惑变多，这些因素都逐渐导致学生放弃数学。

那么数学成绩到底代表什么？我们先了解数学与成绩的关系。以应用题为例，不包括运气好猜对答案的情况。

1.不懂数学→应用题拿不到好成绩。合理。

2.不懂数学→应用题拿到好成绩。不合理。

3.懂数学→应用题拿到好成绩。可能合理。

4.懂数学→但因为粗心，应用题拿不到好成绩。可能合理。

所以我们可以看到懂不懂数学都有可能拿不到好成绩，那我们还可以说数学成绩不好就是笨吗？

聪明、笨与理解数学有关吗？绝大多数国家的智力测验题目都有数学题目，一般来说人的智商是以常态分布的（见图3、4），观察IQ（智商）与人数的关系。

我们可以发现高智商的人也不少，但高智商的人不一定有好的数学表现，而我们也知道有超好数学表现的人几乎都有超高智商。但是坦白说这些超高智商的人，不用教他们也可以有很好的数学表现。而其余智商在中后段的学生难道就不能有好的数学表现吗？答案是否定的。芬兰民主共和国经由他们的教育，已经达到了大多数

不可思议的数学：必须知道的50个数学知识

芬兰人都能理解基础数学（见图5）。所以除了最后面的少部分的人，大部分人的智商与理解数学无关。

言归正传，基础的数学成绩跟聪明才智无关，我们应该用正确的态度、优秀的教材与教师来教孩子。请别再用不对的方法教学，说学生数学成绩不好就是学不会数学，不会数学就是笨，让孩子想放弃学习数学了！

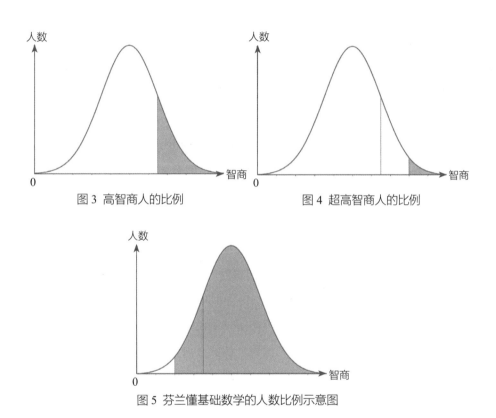

图 3 高智商人的比例

图 4 超高智商人的比例

图 5 芬兰懂基础数学的人数比例示意图

## 不要害怕教学，活用创造力

18世纪时，在德国哥廷根大学，高斯的导师给他出了三道数学题。前两题高斯很快就完成了，但面对第三道题——用尺规作图作出正十七边形，他毫无头绪。高斯用几个晚上终于完成了，见图

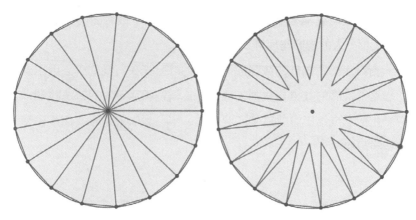

图 6 因为正十七边形太接近圆形，故以十七星形表示

6。当导师接过他的作业，惊讶地说："这是你一人想出来的吗？你知道吗？你解开了一道从希腊时期留到现在的千古难题！阿基米德没有解决，牛顿也没有解决，你竟然几个晚上就解出来了，你是个真正的天才！"

为什么他的导师之前没跟高斯说这是千古难题呢？原来他的导师也想解开这个难题，是不小心将写有这道题目的纸给了高斯。当高斯回忆起这件事时，总说："如果告诉我这是千古难题，我可能永远也没有信心将它解出来。"

高斯的故事告诉我们，很多事情不清楚有多难时，我们往往会以为是能力范围内的而能够使用一切的方法，甚至创造出新的方法来完成。没有心理的预设立场，没有被告知这题很难，就不会被吓倒，会更有勇气做好。

由此看来，真正的问题并不是难不难，而是我们怕不怕，以及能不能活用一切的工具与基础观念。所以我们不要被恐惧抹杀了创造力，我们可以用基础的观念创造想要的答案。身为老师不应该跟学生说这题很难，这样会打击学生的信心与勇气。

高斯还有哪些广为人知的故事呢？高斯小时候就展现出相当高的数学能力，老师因为学生们太吵，出了一道题目：$1 + 2 + 3 + \cdots +$

100＝？规定答出来的同学才可以玩。而高斯很快就解答出来。这是肯定可以解出来的题目，高斯运用他的创造力，做出一个方便计算的方式。算法是：一行按照数字顺序写，一行按照数字逆序写，两行加起来除以2，就是答案。

| 顺： | 1 | ＋2 | ＋3 | ＋⋯＋100 |
|------|------|------|------|------|
| 逆： | 100 | ＋99 | ＋98 | ＋⋯＋1 |
|      | 101 | ＋101 | ＋101 | ＋⋯＋101 |

一共100组，所以 $1+2+3\cdots+100=101\times100\div2=5050$

因为这个的发现，人们得到了只要是差距一样的数字排列，相加的计算式总和 $=\dfrac{(首项+末项)\times数量}{2}$ 。而高斯的老师巴特纳（Buttner）认为遇到了数学神童，自掏腰包买了一本高等算术，让高斯与助教巴特尔斯（Martin Bartels）一起学习，高斯经由巴特尔斯又认识了卡洛琳学院的齐默曼斯（Zimmermann）教授，再经由齐默曼斯教授的引荐，晋见费迪南德（Duke Ferdinand）公爵。费迪南德公爵对高斯相当喜爱，决定资助他念书，让他接受高等教育。而高斯不负期望地在数学领域做出许多伟大贡献：

1795年他发现二次剩余定理。

两千年来，原本在圆内只能用直尺、圆规画出正三、四、五、十五边形，没人知道正十一、十三、十四、十七边形如何作图。但高斯不到18岁就发现了在圆内正十七边形的作图方法，并在19岁前发表论文。

1799年，高斯发表了论文《任何一元代数方程都有根》，数学上称"代数基本定理"。每一个单变数的多项式，都可分解成一次式或二次式。

1855年2月23日高斯过世，1877年布雷默尔奉汉诺威王之命为高斯做了一个纪念奖章，上面刻着"汉诺威王乔治五世献给数学王子高斯"，之后高斯就有了"数学王子"之称。

高斯做事，重质不重量。"宁可少些，但要完美。"（Few, but ripe.）

## 学习数学的正确态度

### 上楼与如何解题

面对复杂的数学题型，大家常常会无从下手，最后只好茫然地看着题目发呆。解题跟生活经验一样，例如：从1楼走楼梯到5楼，要到5楼前一定先到4楼，到4楼一定要先到3楼，依此类推，就会发现，一定要先到2楼，而不是在1楼看着5楼发呆。

解题跟处理事情一样，有主要目标，中间发现漏洞要先去补漏洞，如修理机器，发现某个材料不够了，要先补货才能处理问题，这就是数学解题的基本原则。将问题分解成一部分一部分的，再依次处理，最后一定可以解决问题。如果没有解决问题，一定是你还有漏洞没有解决。

例题：某人在前半段路程花了2小时，走了4千米，后半段路花了3小时，骑脚踏车骑了16千米，请问他整段路的平均速度是多少？很明显地，我们必须先找出整段路的总路程与总时间，也就是要到3楼必须先到2楼的意思。

答：总路程20千米与总时数5小时，速率是20÷5＝4，时速4千米。

只要我们可以逐步解决小问题，最后的大问题一定可以解决，所以数学没有你想的可怕，慢慢地思考，有耐心就一定可以用学过的技巧解出题目。很多学生的观念不对，如果解题需要很多步骤，充其量是很多个简单题目的积累，但绝不是题目难。很多时候学生都被自己的懒惰或恐惧限制住了，误认为自己学不会数学。

如果这题解不出来，肯定是有比较简单的题目还未解出来。

——匈牙利裔美国数学家、数学教育家波利亚

**热开水的故事：数学家与物理学家的区别**

有一个空烧水壶在桌上，要如何得到热开水？答案：装水后，再加热，如图7。下一个问题，有水的水壶在桌上，要如何得到热开水？

物理学家：直接加热，如图8。

数学家：把水倒掉，再装水，然后加热，如图9。

为什么数学家会这样做？因为物理学家把每一件事情看作独立的新问题，他们要做的是找出最快解决问题的方法。而数学家则是套用以前处理相同问题的方法，简化问题后就不用思考了，直接用过往的经验，所以也可以说数学家是一群懒得动脑的人。这就是数学家与物理学家的区别。


你知道我们成为数学家的原因都一样——我们懒。（You know we all became mathematicians for the same reason: we are lazy.）

——美国数学家麦克斯韦

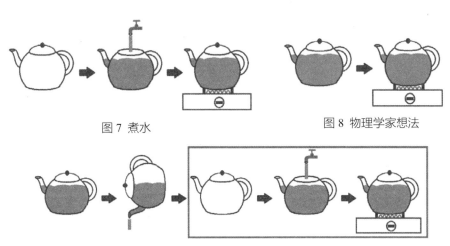

图 7 煮水　　　　　　　　　　　　　　图 8 物理学家想法

图 9 数学家想法

## 为什么要学几何证明？

这个问题可以连同"数学与物理的关系"一起回答。很多学生对于几何证明有非常多的疑问，固然几何证明可以学习逻辑，但基础概念理解后仅剩下练习，为什么有那么多练习题？有一种说法是中世纪的僧侣，因战争避世，而研究几何问题，并把它当作智力游戏，甚至是当作艺术创作，所以产生大量的几何证明。

僧侣为什么要研究几何，而不是其他科目？因为在西方的文化中，理性占很大一部分，并且神学、哲学、数学的关系是密不可分的。希腊时期的大哲学家柏拉图也曾说过："经验世界是真实世界的投影。"所以学习数学的目的是了解神创造世界的原理。

那为什么了解世界原理从数学切入，而不是从其他科目切入呢？因为不同科目的本质不同，可以从几个角度来讨论原因。

1. 出错修正的概率

数学是零修正，唯一要修正的情形，仅在取有效位数产生的误差，如：圆周率。物理、化学则是随时代进步而修正模型公式。

2. 研究的方式

数学是演绎逻辑的学问。物理、化学是经验结果论的科学，科技进步就会更改，如：抛物线的轨迹、四大元素到现在的周期表。

3. 由真实经验假设最基础的情形

数学是以可理解的、不必再质疑准确性的道理作为最小元件。如：$1 + 1 = 2$，再以此基础来组合定义新的数学式，且不需质疑（与自然界做对比）、验证。所以数学进步可视作由小元件到大物品的组合。

物理、化学是以现阶段观察到的情形，因科技进步，观察到在更大的范围不符合，就必须修正原本的理论（如：牛顿力学与爱因斯坦的相对论），以及会因科技进步，观察到更精细小的元件，而修正原本的理论（如：四大元素→周期表→电子、中子→夸克→超弦理论）；修正理论后，须实验才能确定正确性。所以物理、化学进步，可视作推广到更大的范围也成功，推广到极小部分也成功。

4. 数学家与物理学家、化学家目标不同

数学家组合出新数学式后，并不知道可以用在哪里，只知道演绎出来的结果是正确的，并认为这是具艺术美感的，不知道也不在乎有何意义，可能未来有一天就有用了。例如：英国数学家哈代（Godfrey Harold Hardy）的数论研究，他就是研究一堆与现实没关系，却正确又美丽的数学，但在哈代死后的50年内他的理论被大量用在密码学上。又例如：虚数 $i = \sqrt{-1}$。意大利学者卡尔达诺（G. Cardano）的研究一开始不实用，不知要用它做什么，但最后它发展成复变函数理论，成为近代通信与物理学的基础。

物理学家与数学家有很大不同，他们是先有目标，再寻找适当的数学式并验证它，但有可能不断修正实验和理论，有些时候也会与数学家合作找出适当的数学式。

当然在早期的物理学领域中，也有研究出某个理论却不知能做什么的时候，如："电学之父"法拉第（Michael Faraday）对于电磁学的研究，发现电与磁关系，他展示给国王看。国王问："这能干什么？"法拉第回答："不知道，但总有一天能从因此做出的器械上抽取税赋。"之后果然研究出电动机，政府从中抽取税赋。

图 10 1827 年的电动机

## 结论

　　讨论数学对于研究真理是具有成效的。我们也要明白数学不是科学，而是帮助描述科学的语言。如果我们对数学学习感觉不舒服，这是不对的。数学建构在逻辑之上，不熟悉要多练习，不理解要多思考，但总不会突兀地多了一个新方法，令人不舒服。数学的产生虽不像物理、化学那样全因现实需要而产生关系式，但也是因计算需要而产生关系式的。引用法国数学家庞加莱（Henri Poincaré）的话："如果我们想要预见数学的将来，一个好的办法是研究这门学科的历史和现状。"如果学习时觉得不舒服，那它就会降低你学习的热忱，并且对数学家产生神化的感觉。死背公式，降低创意与思考，变相来说就是影响了数学未来的发展。所以可以把数学家庞加莱这段话延伸到另一个层面："如果我们想要保持数学学习的创造性，好的办法是研究这门学科的历史和现状。"

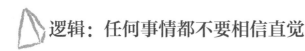

# 逻辑：任何事情都不要相信直觉

直觉也可能是错的，我们来看看下面的例子。

两个有理数间存在无理数，如：1.4与1.5之间有$\sqrt{2}$；两个无理数间存在有理数，如：$\sqrt{2}$与$\sqrt{3}$之间有1.6。直觉上有理数与无理数是交错排列的，但此直觉是正确的吗？如果交错排列代表数量一样，但有理数与无理数的数量一样吗？

有理数的整数部分1、2、3、4、5、6、7、8、9……

其对应的无理数有哪些，先观察2的部分：

$\sqrt{2}$ 、$\sqrt[3]{2}$ 、$\sqrt[4]{2}$ 、$\sqrt[5]{2}$ 、$\sqrt[6]{2}$ ……

只是2的无理数部分数量就无法与之对应了，更何况是全部的情形。所以有理数与无理数交错排列的直觉是错误的，我们不能以直觉来判断。

圆锥甜筒从A点为起点在锥体上找最短路径回到A点的轨迹是什么？（见图11）很多人认为绕边缘一圈，也就是经过B点，就是最短路径。（见图12）但真的是这样吗？把圆锥摊开得到扇形。可发现经过B点在边缘绕一圈不是最短路径。（见图13）最短路径如图14，并看原立体图情形。所以我们不能以直觉来判断问题。

A：月起薪3万元，每一年上调5000元；B：月起薪3万元，每半年上调2500元。哪个人的薪水高？看看表2、表3。结果是B累积的薪水比较多。

## 结论

我们不能简单以直觉来判断任何事情，容易出错，经过完整的逻辑推理才靠谱。

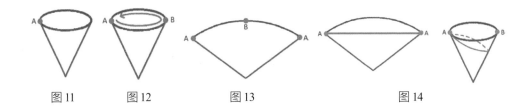

图 11　　　　图 12　　　　　图 13　　　　　　　　图 14

表 2　A 的薪水情形

|  | 这半年薪资 | 累计总薪资 |
|---|---|---|
| 0~6 个月的月薪: 3 万元 | 18 万元 | 18 万元 |
| 6~12 个月的月薪: 3 万元 | 18 万元 | 36 万元 |
| 12~18 个月的月薪: 3.5 万元 | 21 万元 | 57 万元 |
| 18~24 个月的月薪: 3.5 万元 | 21 万元 | 78 万元 |
| 24~30 个月的月薪: 4 万元 | 24 万元 | 102 万元 |
| 30~36 个月的月薪: 4 万元 | 24 万元 | 126 万元 |

表 3　B 的薪水情形

|  | 这半年薪资 | 累计总薪资 |
|---|---|---|
| 0~6 个月的月薪: 3 万元 | 18 万元 | 18 万元 |
| 6~12 个月的月薪: 3.25 万元 | 19.5 万元 | 37.5 万元 |
| 12~18 个月的月薪: 3.5 万元 | 21 万元 | 58.5 万元 |
| 18~24 个月的月薪: 3.75 万元 | 22.5 万元 | 81 万元 |
| 24~30 个月的月薪: 4 万元 | 24 万元 | 105 万元 |
| 30~36 个月的月薪: 4.25 万元 | 25.5 万元 | 130.5 万元 |

☑ 小博士解说

　　除了不要简单地相信直觉，更多时候眼见也未必为实，比如说物体在不同情况下会让我们产生形状或是颜色错觉；也有许多借位、角度、光谱问题带来的错觉效果，我们可以参考几何投影。所以视觉不是一个值得我们100%信赖，可以拿来作为决定的依据。我们应该更客观、更理性地去思考与判断才对。

# 逻辑：加一成再打九折等于原价吗？

常看到餐厅有服务费需要加一成，但有会员卡可以打九折的说法。这似乎在数学上有些怪怪的。事实上这的确是有问题的，因为将打折的基础省略了。我们先来认识打折与加成的意义。

## 打折

打折就是有折扣，比原价便宜一点，打九折、打九五折就是定价×0.9、定价×0.95。

通常我们听到某一样东西"打九折"，但不会听到某样东西"打九〇折"，这是为什么呢？因为打九折就是定价×0.9；如果说打九〇折，意思就是说定价×0.90，百分位的"0"在计算上是多余的。因此，定价乘以零点"几"就是打"几"折。

结论：　定价打$x$折 $= \dfrac{x}{10} \times$ 定价，$x$为1位数

定价打$y$折 $= \dfrac{y}{100} \times$ 定价，$y$为2位数，个位不为0

在欧美国家，打折指的是扣去定价价格的一部分，打一折，是1减去 0.1 乘上定价，即为定价乘上0.9，打十五折就是定价乘上0.85。我们可以发现基础都是定价。

## 加成

什么是原价加成作为定价卖出呢？指的是商人收入的利润部

分，加上原来价格的一部分拿来当利润。以下是加成的例子：

加一成　　就是原价加上0.1，乘上原价，即为原价乘上1.1

加一成半　就是原价加上0.15，乘上原价，即为原价乘上1.15

加二成半　就是原价加上25%，乘上原价，即为原价乘上1.25

结论：　原价加$x$成　＝原价＋$0.x$×原价＝（$1.x$）×原价

原价加$z$%＝原价＋$z$%×原价＝（$1＋z$%）×原价

可以发现基础都是原价，计算结果是售价。

　　了解了加成与打折的意义后，我们回头来思考餐厅的加一成打九折等于原价是什么原因。（见图15）

原价 $\xrightarrow{\text{加一成}}$ 1.1×原价 $\xrightarrow{\text{打九折}}$ 0.9×1.1×原价＝0.99×原价

但餐厅的实际意图如图16。

原价 $\xrightarrow{\text{加一成原价}}$ 1.1×原价 $\xrightarrow{\text{打九折＝扣除一成原价}}$ 1.1×原价－0.1×原价＝1×原价

搞清楚文字游戏后，我们就不会感到困惑了，一切只是计算的基数不同。

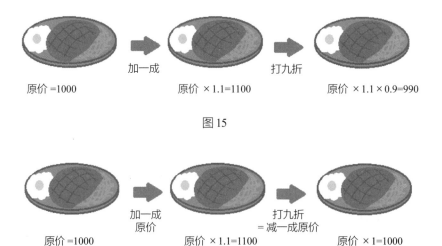

原价 =1000　　　加一成　　原价 ×1.1=1100　　　打九折　　原价 ×1.1×0.9=990

图15

原价 =1000　　　加一成原价　　原价 ×1.1=1100　　　打九折＝减一成原价　　原价 ×1=1000

图16

# 什么是逻辑？

我们可以把逻辑分成三种：批判性思维、科学逻辑、演绎推理。三者差别在哪儿？

1. 批判性思维（非形式逻辑）：由语言与生活对话经验来学习逻辑，但这跟语系有关，不同的语系有不一样的使用习惯，会给我们带来不同的困扰。中文常见的问题如下：省略前提或一句多义。如：牛排不好吃。不知道是说牛排不方便吃，还是说牛排不美味。所以问话要问清楚，回话要完整。因果问题的误用，如：盖核电站就有电，不盖就没电。省略宾语容易会错意，如：甲对乙说："我觉得你胖。"乙说："我不在乎。"不知道乙是不在乎甲的言论，还是不在乎自己胖。中文的一些用语习惯，容易使双方产生误会与争执。

2. 科学逻辑（科学结构的逻辑）：科学的发展，是不断试错的过程，如一开始人们认为地球只有四大元素——地、水、火、风，变成如今的元素周期表。这都是不断修正错误得来的。

3. 演绎推理（形式逻辑）：逻辑是因果关系，考虑前因后果，数学用语是前提与结论。例如：（前提）动物会死，而人是动物，（结论）所以人会死。例如：（前提）在数学上定义最根本的大家都能接受的数学原理：$a(b+c)=ab+ac$，利用此式组合出新的数学式 $(x+y)^2=x^2+2xy+y^2$，（结论）也都会是正确的。这种因果关系又称为演绎推理，也就是"若 P 则 Q"的数学逻辑。逻辑就是判断前提然后推出结论，最后判断这个推论有没有问题。归纳论证是统计出来的结果，它不同于演绎论证，其结果未必严谨。例如：外星人降落到草原，发现马都是条纹状的，所以说这个星球的马全都是条纹状的。这显然是不对的。

## 逻辑如何判断因果关系

逻辑判断推论是否正确，所以要有两个句子，需要两个完整的叙述。

例句1：天气好。这是一个叙述，但没有前后文可判断此句的正确性。

例句2：下雨天，带伞才不会被淋湿。这是两个叙述。有前后文可判断此句的正确性。

例句3：下雨了，所以2×2=4。有两个句子可以判断逻辑，但两句话没逻辑性。

例句4：盖核电站就有电，不盖就没电。有两个句子可以判断逻辑，但这两句话的答案不一定正确。所以能知道可判断的句子，具有前提与结果两个叙述。

猴子与会爬树。猴子是前提，会爬树是结果。

| | |
|---|---|
| 1. 猴子，会爬树。 | 确定这句话是对的，得到下列三句的正确性。 |
| 2. 猴子，不会爬树。 | 一定错误。 |
| 3. 不是猴子，会爬树。 | 可能正确，因为猫、豹也会爬树。 |
| 4. 不是猴子，不会爬树 | 可能正确，狗、马就不会爬树。 |

上述四条可参考图17。

所以，可以很清楚地知道两件事情：

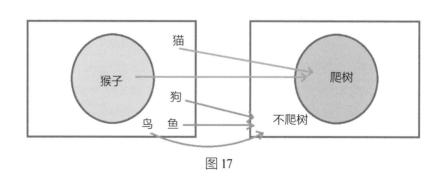

图17

1.不是猴子，会不会爬树，都是有可能的。

2.不爬树的，一定不是猴子。

这就是我们最需要认知的基础逻辑观，否则我们会常犯以下错误：

1.讨论否定前提无意义

生活对话中常见的错误：第一句：盖核电站就能有电；第二句：不盖核电站就没电。

第二句不一定正确。因为我们还可以用火力、水力发电。

2.倒果为因

因为下雨，所以马路湿，正确。因为马路湿，所以下雨了。可能正确，也可能是有人泼水。唯一可以说是正确：马路不湿所以没下雨。但常会有人倒果为因，第一句：马路湿了是因为下雨；第二句：想要马路湿一定要下雨。

3.将句子反过来说

已知猴子会爬树；不会爬树的，一定不是猴子。所以如果前提到结果成立，则恒成立，也就是若否定结果可推论否定前提正确。

当我们理解逻辑后，就能轻易地判断语句的逻辑性。第一句：一个男人送钻戒给他女朋友，代表他爱她。第二句：你没送钻戒给我，所以你不爱我。很明显这犯了讨论否定前提的错误。

# 逻辑：$\sqrt{2}$ 为什么不是分数？

$\sqrt{2}$是无理数的证明，参考以下证明步骤。

假设$\sqrt{2}$是有理数，所以$\sqrt{2}$可以写成最简分数$\dfrac{b}{a}$，$a$，$b$均为整数，所以$(a,b)=1$，$a$、$b$互质。

$$\sqrt{2}=\frac{b}{a}$$
$$2=\frac{b^2}{a^2} \qquad \text{两边平方}$$
$$2a^2=b^2 \qquad \text{移项}$$

所以$b^2$是偶数，奇数的平方不可能是偶数。故$b$也是偶数，设$b=2c$。

$$2a^2=(2c)^2$$
$$2a^2=4c^2$$
$$a^2=2c^2$$

所以$a$也是偶数。

结论$(a,b)=2$

但一开始已经强调$a$，$b$是最简分数，$(a,b)=1$，与结论产生矛盾。

所以一开始假设$\sqrt{2}$是有理数是错误的，故$\sqrt{2}$是无理数。

由以上可知$\sqrt{2}$是无理数的证明也不是特别复杂，证明过程如同自己挖坑自己跳，最后知道有坑不能走，遇到要绕开。这不是很难，只是大家太害怕数学而不敢去做。而此问题古希腊时期的欧几里得已经证明了。

利用逻辑的证明方法，p是前提，q是结论，－p是否定前提，－q是否定结论。（见表4）

## 小博士解说

利用逻辑推理的方法，也会给我们的生活带来很大的便利。生活上也常用反证法，先假设结果是否定的，但从头到尾推理一遍，发现有问题，所以原来的情况是正确的。如：我吃药了吗？推论：因为吃完药的袋子会丢到垃圾桶，如果垃圾桶没药袋，代表没吃药。但垃圾桶有药袋，所以吃了。

表4

| 1. 直接证法 | $p \rightarrow q$，当其成立时就是正确。 |
|---|---|
| 2. 反证法 | 利用$-q \rightarrow -p$，所以是$p \rightarrow q$正确。 |
| 3. 找反例 | 找出反例的情形，证明错误。推导该题目所叙述不成立。 |
| 4. 数学归纳法 | 确定 $n=1$ 成立；<br>假设 $n=k$ 成立；<br>若能推导 $n=k+1$ 也成立，则该数学式成立。 |

在生活上，常用到的逻辑推导方法有：

1. 反证法。

2. 找反例，如：找极端化的例子。

3. 数学归纳法，但它是演绎逻辑的证明方式，并不是语言中的归纳，不存在误差的可能性。

学数学归纳法，不该用简写带过，回顾数学归纳法证明的流程：

---

$n=1$正确

$n=k$正确

$n=k+1$正确

因为数学归纳法，所以得证。

---

在不完全了解数学归纳法的情况下，怎样用数学归纳法来做总结呢？

那是给数学家来简写文字的，对于初学者来说，不应该有太多的简写行为。

省去以下这段文字："因为$n=1$正确，以及任意连续两项都正确，可以得出：$n=1$正确，所以推导$n=2$正确，同样$n=3$正确，$n=4$、5、6、7、8、9……全部正确。"省略后看不到哪里有归纳或推理的意思，数学归纳法的精神应该着重在推论，或应该称为数学演绎推论法。简写成"数学归纳法"，让学生不懂数学归纳法内容，因小失大。并且"归纳"这个词在生活中偶尔会有特例，此方法实在不适合用"归纳"一词。

# 认识定义、公理、定理，避免用公式

　　我们的数学教科书常常充满一堆数学名词，如定义、命名、推论、猜测、结论、定理、性质、关系式、线性组合、律（指数律）、一般式、方程式、不等式、恒等式、标准式、面积公式、分点坐标公式、乘法公式等，导致我们的学习一团混乱，但最后不管是什么名词，大多数人统称为公式，就是要背。（见图18）其实背公式最负面的影响是没有培养学生逻辑顺序观念。如果我们把全部的数学名词一概而论当作同一层级，那么我们将会把数学学得莫名其妙。要解决这个问题，就得先认识数学名词。

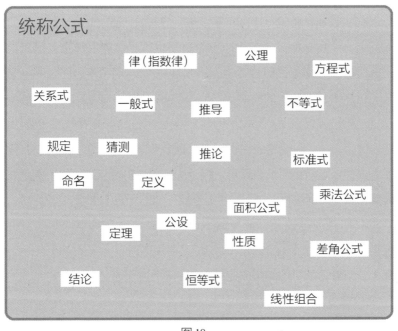

图18

1. 定义：命名、规定某情况的意义，如：定义负数的概念。

2. 公理：不证自明的现象称为公理，也就是数学推理的起点。如：欧几里得的平行公理：通过一个不在直线上的点，有且仅有一条与该直线平行的直线。（见图19）

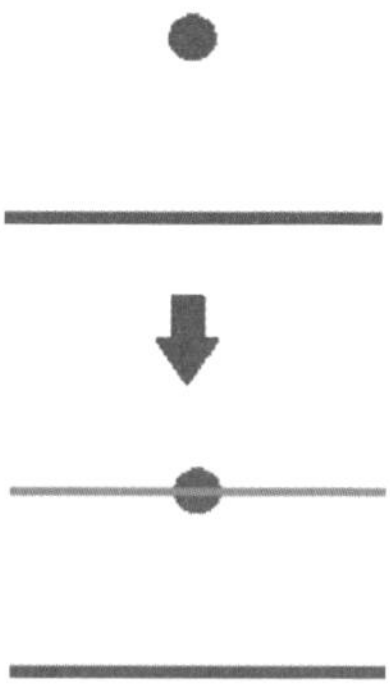

3. 定理：由定义、公理推导的结论，其中包含"律、法则、性质等"。

对于数学的名词我们只需要这三个。而推理只需要"推导""推论""结论"就够了，不需要五花八门的词。我们可以知道定理是由定义与公理推导来的，也就是可以认知定理是第二层、定义与公理是第一层，也就是规则的起点。所以如果可以完整理解这个观念，就能知道事情是有逻辑且分层级的。（见图20）

图19

图20

如果逻辑的观念不明会产生问题。例如，台湾2014年面临劣质油问题，全民抵制顶新产品，味全公司也遭受牵连。味全老员工担忧公司倒闭，求全民给生存空间，并且有人反映："不可能因为一个孩子犯错了，就把他的同学或是他的兄弟姐妹，一起拉出来受罚。"这就是犯了逻辑错误。公司出问题，导致全民抵制。出问题该倒闭就是要倒闭，员工是受害者，但消费者也是受害者，群众不买也没有错误，为什么新闻报道及公司员工将矛头指向消费者，说他们不买是残忍呢？这是问题没找对源头，也是逻辑不清的严重结果。

我们要通过数学学好逻辑，以免造成一堆乌龙事件。同时也要避免用公式这个含混不清的名词，导致连何者为起点（定义、公理）、何者为推导的结果（定理）的逻辑顺序都弄不清。

# “要命”的逻辑观

## “差不多”观念

很多台湾民众的选举观念非常模糊，认为都差不多，所以就随便选了，观察图21。由

图21

图21可知有理想和a、b两名候选人。我们都知道理想是民众追寻的目标，所以候选人的政见不会直接达到理想，因为很难有面面俱到的政见，除非世代进步互相妥协，此理想才能达成。那理所当然的是，我们应该选择a比较容易达到理想。

因为台湾常有“差不多”或是五十步笑百步的错误观念，也就是两个都达不到理想，那何不选一个顺眼的，这是大部分台湾35岁以上的人的思想，这基本是凭自己的喜好投票而非竞选者的能力。但这样的情形会阻碍社会进步，甚至造成社会的退步。而台湾35岁以下的人在错误的逻辑环境成长，也因信息时代的冲击，在两个竞选者都很差劲的前提下，选举变成以下情形：两个都不选；两者选较好的a；两者选自己喜欢的；跟着家里人来选。

整体来说这已经前进了一小步，不是盲目地选喜欢的，但这仍然不够。所以我们的逻辑思路要清楚而不能凡事都“差不多”。

这世界不会被那些作恶多端的人毁灭，而是被冷眼旁观、选择保持缄默的人毁灭。

——物理学家爱因斯坦

第一章 数学与文明

拒绝参与政治的惩罚之一，就是被糟糕的人统治。

——古希腊哲学家柏拉图

当纳粹来抓共产主义者的时候，我保持沉默；我不是共产主义者。

当他们囚禁社会民主主义者的时候，我保持沉默；我不是社会民主主义者。

当他们来抓工会会员的时候，我没有抗议；我不是工会会员。

当他们来抓犹太人的时候，我保持沉默；我不是犹太人。

当他们来抓我的时候，已经没有人能替我说话了。

——德国牧师马丁·尼莫拉


## 一概而论的观念

在这个世界上用钱跟权可得到很多东西，其中就包含学历。这是为了让自己的头衔更好听，替自己镀一层金，不可否认全世界都有这样的现象。毕竟学校也要给老师发薪资，所以这种现象必然不会消失。但是如果学校沦为一个收钱给文凭的地方，它的存在也就没什么意义了。所以学校也需要一部分优等生，一些未来可以扬名世界的学生，替学校争光。自然而然，学校愿意提供奖学金来吸引和栽培这些学生，尤其以理工科研人才为重。

判断一个人是否优秀，大部分人会先看他的学历及现有能力，但很不幸两者很容易被混为一谈。我们都知道做事情不能一概而论，但大多数人就是这样做的。比如说A大学的学生很棒。但其实不同学院，再细化到每一个人都是有差异性的。但大家会一概而论看最前面的称谓，认为A大的学生不会差到哪儿去。如果这所学校学生发生负面事件，大家又把矛头指向这所学校。平心而论，这跟学校无关，这是个人问题，不能让学校承担全部责任。

再看另一件事情，哥伦比亚大学有奖学金学生，也有一般缴学费学生。很明确的是奖学金学生要比一般缴学费学生"优秀"。但如果缴学费学生做出不好的事情，会连带弄臭学校名声，甚至令奖学金学生蒙羞。但实际上不同科系的学生都有能力差异，我们能一概而论吗？

所以观察人不能一概而论，要就能力评论一个人。或者说公众人物明知自己是"镀金"的，就不要出来打明星大学毕业的招牌。这样容易令自己母校和同学被看轻。

所以我们的逻辑思路要清楚，不能凡事"差不多"，如同前文提到定义、公理、定理的关系，逻辑思路要清楚，不能混为一谈。学好逻辑可从学好数学开始。

图 22　文艺复兴时期大画家拉斐尔（Raffaello）的壁画《雅典学院》

# 树状图的思维

　　有的街道如图23，交会处用圆点来表示。警察要巡逻每个点，就必须经过每条街，那么一共有几种方法呢？这种问题在生活里常会遇到，这是用树状图来计算排列数的问题。

　　警察要巡逻每个点，将点标示为a、b、c、d，如图24。分别讨论以各个点为起点有几种方案，这就要利用树状图的结构了，见如25。这时，我们可以清楚地发现巡逻一共有12种方式，并且可发现

图 23

图 24

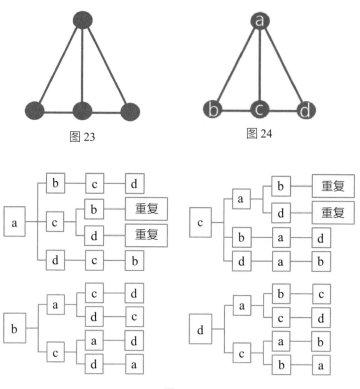

图 25

不可思议的数学：必须知道的50个数学知识

a与c、b与d的树状图结构相同，这是为什么呢？因为它们在街道图的位置经拓扑变形后是对称位置，如图26。

每条街都要经过，将边标示为a、b、c，如图27。利用树状图的结构计算数量，如图28，可以清楚地发现一共有12种方式，并且可发现a与c、d与e的树状图结构相同，这是为什么？因为它们在街道图的位置经拓扑变形后是对称位置，如图29。

当我们习惯用树状图后，就会发现做事情会有多种方法可用，这样做事的条理会更清晰。

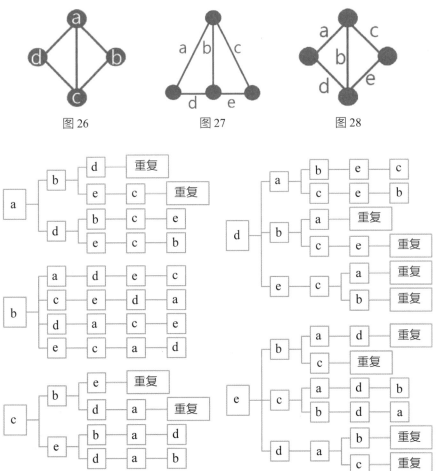

图26        图27        图28

图29

# 不讲逻辑的国家无法进步

　　早期中国在科学领域领先欧洲一大截，如：指南针、火药、造纸术和印刷术的发明，以及在天文、地理等领域的开创成果。（见图30、31）虽然古代中国有技术研究，也精于记录，实验，但却缺乏逻辑、系统的科学理论。到了现代，得到诺贝尔奖的中国人很少。为什么会有这样的情形？答案是缺乏讲逻辑的文化影响。参考以下内容可有更清楚的概念。

　　中国古代，皇帝掌握生杀大权，所以才有"君要臣死，臣不得不死"之说，科研人员伴君如伴虎，这样的国家，科学发展会进步吗？除此之外，中国受儒家文化影响，更不容易形成逻辑性的思维。儒家重礼，凡事先讲礼，再讲理，并且上下层级区分非常严格，下不可以对上无礼。所以产生了一个奇怪的问题：到底是礼貌重要，还是解决问题讲道理重要？难怪大家的逻辑常常一塌糊涂，没机会好好练习对的推理，逻辑结构被"礼"打乱。

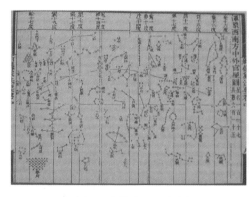

图30 古代中国星象图

图31 古代中国地动仪

同时，中国也受宗教影响，宗教也影响科学理论的产生。引用英国近代生物化学家李约瑟（Joseph Terence Montgomery Needham）的话："不是中国人眼中的自然没有秩序，而是秩序由非理性的人所制定。因此人们后来用理性的方式阐明制定好的神圣法典。这相当没有说服力。同时道教人士也会藐视这样的见解，对于他们凭直觉所知的宇宙微妙处和复杂性来说，科学理论实在是太幼稚了。"

所以我们想要科学进步，还是要从培养逻辑做起，而培养逻辑的第一步就是认识数学，并且不要将逻辑、理性思维与温良恭俭让、礼貌画上等号。理性与礼性是完全不同的，讲道理时不管是大声、小声、态度好不好，对的事情就是对的事情，难道轻声细语地说太阳是从西边出来就是对的吗？所以是"讲理＝逻辑"，而不是"讲礼＝礼貌"，并且解决事情要抽丝剥茧，每一处都要完整说明，而不是混沌讨论。

第二章

# 公元前

数学是一切知识中的最高形式。

**柏拉图（Plato）**

（前 427—前 347），古希腊哲学家

数学能促进人们对美的特性——数值、比例、秩序等的认识。

**亚里士多德（Aristotle）**

（前 384—前 322），古希腊哲学家

# 认识古文明的数字

公元前500年，当时的数学发展只局限于数字，无论是埃及、古巴比伦、印度还是中国等古文明，都是如此。

当时的数学应用也仅限于数字的实际应用，如：建造金字塔、建筑城墙、发明武器、划分农地、兴建水利及道路工程等。

当时的数学计算就像是菜谱一样，针对某形态的问题，有一相对应的解法，数学的学习就像是背"菜谱书"，把数字套进正确的公式里就可以得到答案。

这时期的数学仅限于数字及简单几何图形在生活中的实际应用。（见图1、2、3）同时埃及的分数是单位分数的形式，也就是分子永远都是1。因为每个分数都可以表示成多个单位分数相加的形式。

我们可以由此认识埃及的数学。

图1　埃及公主（Nefertiabet），公元前2600年的石版画，上面有埃及数学符号。

图2　莱因数学纸草，埃及数学应用题中的第80题。

图3　学者从埃及古物上转绘出来的图像，表现的是牛群与羊群数目的记录。

**例题1：**

$$\frac{11}{27}=\frac{33}{27\times3}$$ 制造分子为1的相加分数，要先扩分，新分子比原分母大

$$=\frac{27}{27\times3}+\frac{6}{27\times3}$$ 拆成两项，前项让原分母能约分

$$=\frac{1}{3}+\frac{2}{27}$$ 后项再做一次先前动作

$$=\frac{1}{3}+\frac{28}{27\times14}$$ 后项扩分

$$=\frac{1}{3}+\frac{27}{27\times14}+\frac{1}{27\times14}$$ 后项拆开

$$=\frac{1}{3}+\frac{1}{14}+\frac{1}{378}$$ 得到单位分数相加

**例题2：**

$$\frac{13}{17}=\frac{26}{17\times2}$$  制造分子为 1 的相加分数，要先扩分，新分子比原分母大

$$=\frac{17}{17\times2}+\frac{9}{17\times2}$$  拆成两项，前项让原分母能约分

$$=\frac{1}{2}+\frac{9}{34}$$  后项再做一次先前动作

$$=\frac{1}{2}+\frac{9\times4}{34\times4}$$  后项扩分

$$=\frac{1}{2}+\frac{34}{34\times4}+\frac{2}{34\times4}$$  后项拆成两项

$$=\frac{1}{2}+\frac{1}{4}+\frac{1}{68}$$  得到单位分数相加

## 古巴比伦文明

古巴比伦（Babylon）文明是一个消逝的文明，但可由他们的数字符号与建筑工艺窥见其曾经的强盛。特别的是他们是用60进位制，并且已经有根号的概念。古巴比伦人没有乘法，但有平方表、立方表，用来协助计算。方法如下：

1. $ab=\dfrac{(a+b)^2-(a-b)^2}{4}$

例题：$5\times3=\dfrac{(5+3)^2-(5-3)^2}{4}=\dfrac{64-4}{4}=15$。

2. $ab=\dfrac{(a+b)^2-a^2-b^2}{2}$

例题：$5\times3=\dfrac{(5+3)^2-5^2-3^2}{2}=\dfrac{64-25-9}{2}=15$

我们可以由此认识古巴比伦的数学。

## 玛雅文明

玛雅（Maya）文明也是一个消逝的文明，但也可由他们的数字

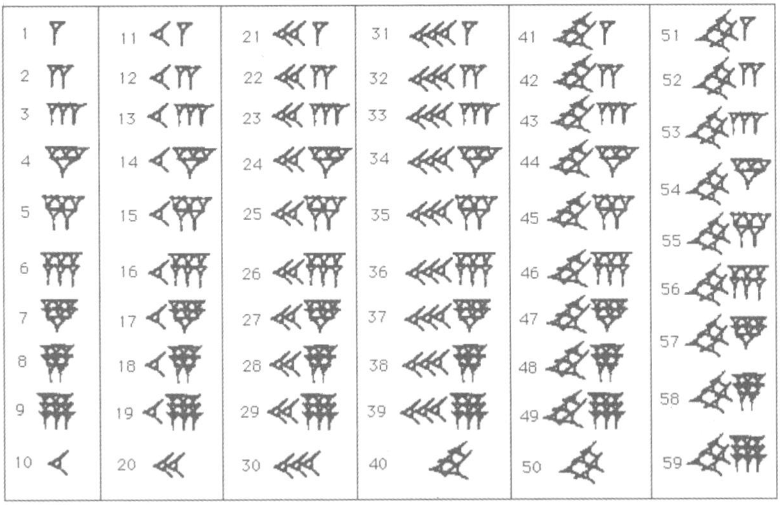

| | | | | | | | | | | |
|---|---|---|---|---|---|---|---|---|---|---|
| 1 | Y | 11 | 21 | 31 | 41 | 51 | | | | |

图4 古巴比伦文化的数学符号是60进位制

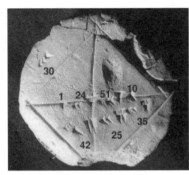

图5 古巴比伦编号YBC 7289泥版，上面的数字是2的平方根的近似值，用当时的60进位制表示 $1 + 24/60 + 51/60^2 + 10/60^3 = 1.41421296 \cdots\cdots$

图6 古巴比伦的空中花园示意图，现已不存在。

符号与建筑工艺窥见他们曾经的强盛。（见图7、8）特别是他们使用20进位制计算，并且数字很早就发展出0的概念，比印度还要早，比欧洲人早800年，更特别的是数字符号是5进位。我们可以由此认识玛雅的数学。

由以上的古文明的数学发展程度可知，一个国家要繁荣，科学一定会到达一定的高度，同样地，数学也会到达一定的高度，再以此让建筑盛大。并且这些古文明也有各自的历法，但他们如何得知一年有几天，已经成谜，这些文明的快速消逝也是一个谜。时间会掩盖一切，唯独留下的一些概念影响后世，如数学和农业。

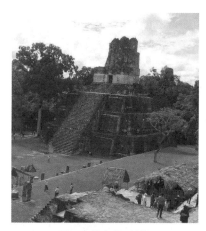

图 7　蒂卡尔遗址

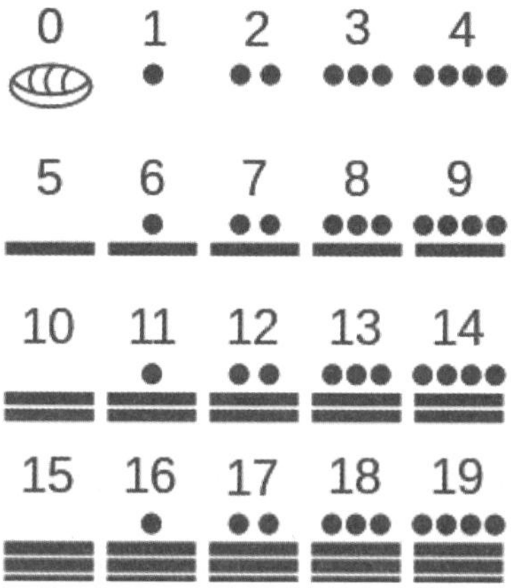


图 8　玛雅文化的数字符号，可发现是 20 进位制。

**小博士解说**

为什么古文明会用非10进位制？有可能是为了节省书写空间，如：15在10进制中，需要符号1与符号5，但在古巴比伦的60进制中只需要“15 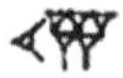”，在玛雅的20进制只需要写成“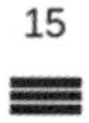”。

或许这样的符号有其特殊的计算意义。

## 中国

中国有5000多年历史，商朝时，人们为了占卜，利用小木棍来计算。中国古代的计算工具——算筹（算子），它是细长如筷子的物体，为圆柱或方柱形，周朝用木，汉朝用竹、骨、象牙、玉、铁等材料制作，并且一个数字有两种写法，如表1。使用时在方格板

表1

| | 1 | 2 | 3 | 4 | 5 | 6 | 7 | 8 | 9 |
|---|---|---|---|---|---|---|---|---|---|
| 纵 | | | | | | | | | |
| 横 | | | | | | | | | |

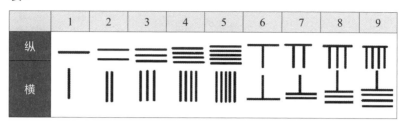

上面放上数字，纵横交错，个位纵、十位横、百位纵，依此类推，见图9。一开始没有0的写法，直接在方格板上面空着就代表是0，要计算时就将许多算筹一一排列，加起来超过10就往前放一根。但这种方法学习困难，并且家境好的人才能学习。操作上也麻烦，万一摆放错

永樂大典 算籌布點陣圖
图9

误，或被弄乱，那答案就错了。到东汉蔡伦造纸后，人们可以在纸上写字。再到了南宋，就多了0这数字符号，不然该位置空着，不容易判断该数字是多少，同时也改良了其他几个数字，如表2。

表2

| | 0 | 1 | 2 | 3 | 4 | 5 | 6 | 7 | 8 | 9 |
|---|---|---|---|---|---|---|---|---|---|---|
| 纵 | | | | | | | | | | |
| 横 | | | | | | | | | | |

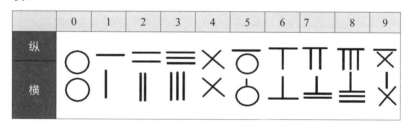

## 算筹的意义

算筹为中国带来了10进位制，而这种计数方式领先其他国家，同时在算筹进位后留下空位时，能很清楚观察出它是0以及表示出的位数。在进位留一个空位表示"0"，这在其他国家可是一个大问题，但中国用算筹巧妙地解决了这个问题。

与古巴比伦人相比，他们没有解决0的问题，也没解决10应该怎么表示，也正因为如此，外国人对于进位上放0是困惑的：没有了，为什么要加个0，没有就是没有了，为什么还要写个符号来说明没有？所以在进退位上是有麻烦的。中国的算筹让0的观念得以实行，用"留下空位"这个行为来代替该位数是

0。在国外数字系统中是没有0的，无法顺利计算，而在中国，因为算筹可以很顺利地帮助计算，即使空格也不会辨认错误，如果是用"空位"来代替0的话会有相当大的可能混淆具体的数字。中国的算筹，在纵横交错的方法下，可以方便地避开这个问题。（见图10）

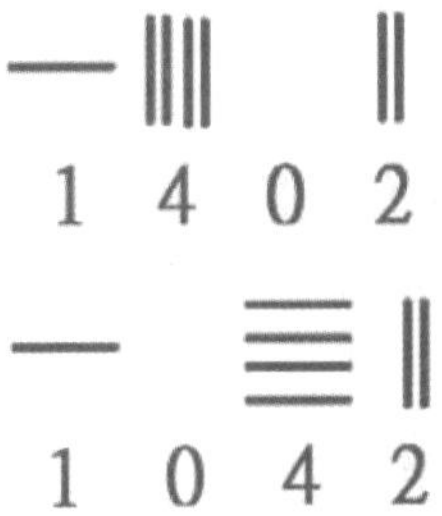

图10

## 算筹的负数概念

中国人在很早之前就有负数观念，直接多放一个斜放的棍子就代表是负数。如−1就在1斜放棍子，−123就在3斜放棍子，负数是在个位斜放棍子。中国的数字系统在很早就有了雏形，如表3。算筹是有负0的存在的，因为需要描述−10，个位是0而需要−0这种放法。

表3

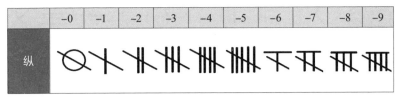

| | −0 | −1 | −2 | −3 | −4 | −5 | −6 | −7 | −8 | −9 |
|---|---|---|---|---|---|---|---|---|---|---|
| 纵 | | | | | | | | | | |

## 算筹与天元术与发展

中国数学的天元术，是为了计算数学的未知数题目。数字右边写元，代表1次未知数，往上代表2次、3次……另外"太"代表

常数，下面是代表1次、2次，之后还有二元术、三元术、四元术。如：

$$=\ |\ 元 \Rightarrow 3x^2 + 21x + 662 = 0$$

算筹传到日本，日本关孝和发明了"代数"，利用中文字来代替算筹，为区别于天元术，有清楚的表示方式。后来关孝和发明出类似正号（加号）与负号（减号）的符号，如图11。

但算筹这种数字有一定的局限性，天元术不容易看懂与学习，甚至有家族传承的说法。部分人有敝帚自珍的观念，不愿意交流，这也是对进步的一种阻碍。同时

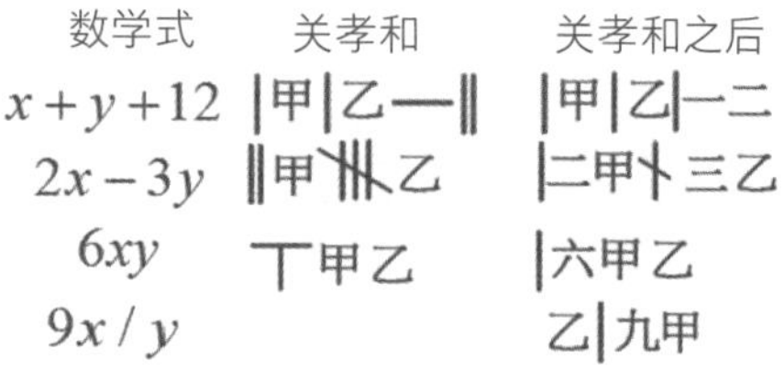

| 数学式 | 关孝和 | 关孝和之后 |
|---|---|---|
| $x+y+12$ | |甲 乙 一 ‖ | |甲 乙 一二 |
| $2x-3y$ | ‖甲 乂 乙 | 二甲 才 三乙 |
| $6xy$ | 丅甲 乙 | |六甲 乙 |
| $9x/y$ | | 乙|九甲 |

图11

也因为中国的书写工具是毛笔，于书写速度上不如硬笔，也是一种不便。中国数学的成就，成也算筹，败也算筹。宋朝之后开始重八股文，其他皆不重视，更造成数学研究人员的急剧消失，以及当时国家的政策使研究受到压迫。加上其他的因素，中国数学也慢慢地不再进步而被欧洲各国赶超。欧洲对于0与负数的接受，是在17世纪，而这段时间中国数学的发展在一定程度上停滞不前。在西方文化的冲击下，算筹被取代成了阿拉伯数字。我们由此可以认识中国的数学。

# 符号的念法与用途

很多人对希腊符号的发音、用途、有多少种类有兴趣，在此介绍常用的符号。（见表4~10）。

表4 常用希腊文

| 希腊文 小写、大写 | | 念法 | 对应英文 小写、大写 | | 常用用途和意义 |
|---|---|---|---|---|---|
| $\alpha$ | A | alpha | a | A | 方向角角度 |
| $\beta$ | B | beta | b | B | 方向角角度 |
| $\gamma$ | $\Gamma$ | gamma | c | C | 方向角角度 |
| $\delta$ | $\Delta$ | delta | d | D | 小写是极小数字，大写矩阵时使用、变化量：$\Delta = x_2 - x_1$ |
| $\varepsilon$ | E | epsilon | e | E | 极小数字 |
| $\theta$ | $\Theta$ | theta | | | 角度 |
| $\delta$ | $\Sigma$ | sigma | s | S | 小写是标准偏差，$\sigma^2$ 是变异数，大写是数列加法使用 |
| $\pi$ | $\Pi$ | pi | p | P | 小写是圆周率，大写是数列乘法使用 |
| $\varphi$ | $\Phi$ | phi | | | 角度、黄金比例 |
| $\psi$ | $\Psi$ | psi | | | 黄金比例倒数 |
| $\omega$ | $\Omega$ | omega | | | 小写是频率，大写是电阻 |

## 表 5　物理学常用希腊文

| 希腊文 小写、大写 | | 念法 | 对应英文 小写、大写 | | 常用用途和意义 |
|---|---|---|---|---|---|
| $\mu$ | M | mu | m | M | 百万分之一, 纳米 $\mu m$ |
| $\nu$ | N | nu | n | N | 物理学中, 力的单位 |
| $\lambda$ | $\Lambda$ | lambda | l | L | 物理学中, 波长 |
| $\tau$ | T | tau | t | T | 物理学中, 力矩 |
| $\rho$ | P | rho | r | R | 物理学中, 密度或电阻 |

## 表 6　较少见希腊文

| 希腊文 小写、大写 | | 念法 | 对应英文 大写、小写 | | 常用用途和意义 |
|---|---|---|---|---|---|
| $\xi$ | $\Xi$ | xi | | | 大写是粒子物理学的重子, 小写是数学的随机变量 |
| $\zeta$ | Z | zeta | z | Z | 黎曼函数 |
| $\eta$ | H | eta | h | H | 光学的介质折射率 |
| $\varkappa$ | K | kappa | k | K | 卡帕曲线、物理学中的振动扭转系数 |
| $\chi$ | X | chi | x | X | 小写是物理学中的电极化率、磁化率, 广义相对论中的引力势 |

## 表 7　常用符号

| 符号 | 念法 | 用途与意义 |
|---|---|---|
| $\propto$ | 正比 | 取代写字。如: 1. $a \propto b$ 是 $a$ 与 $b$ 成正比; 2. $a \propto \dfrac{1}{b}$ 是 $a$ 与 $b$ 成倒数正比, $a$ 与 $b$ 成反比 |
| $\triangle$ | 三角形 | 取代写字 |
| ▭ | 长方形 | 取代写字 |
| □ | 正方形 | 取代写字 |
| ◊ | 菱形 | 取代写字 |
| ▱ | 平行四边形 | 取代写字 |

| 符号 | 念法 | 用途与意义 |
|------|------|-----------|
| ○ | 圆形 | 取代写字 |
| ⊥ | 垂直 | 取代写字 |
| // | 平行 | 取代写字 |
| ÷ ≈ | 近似值 | 约略的数字，读作"约等于" |
| ！ | 阶 | 排列、组合使用，从 1 开始乘到该数字，3！=1×2×3。 |

### 表 8　证明常使用符号

| 符号 | 念法 | 用途与意义 |
|------|------|-----------|
| ∵ | 因为 | 证明常用符号 |
| ∴ | 所以 | 证明常用符号 |
| s.t. | 使得 | Such that 缩写，意思同于"⇒" |
| ∍ | 使得 | 同上 |
| ⇒ | 使得 | 同上 |
| QED | | 该证明，由此得证<br>QED 是拉丁文 Quod Erat Demonstrandum 的缩写，意思是"证明完毕"。现在的证明完毕符号，通常是■或□ |
| Q E F | | 该问题，已经做完。 |
| ～ | 相似 | 两个描述的东西，具有相似性质。 |
| ≅ | 全等 | 全部性质都相等 |
| ≡ | 恒等式 | |
| → | 则、imply | 蕴含。$a \to b$，$a$ 是 $b$ 的充分条件；$b$ 是 $a$ 的必要（必然）条件 |
| ↔ | 充要 | 充分且必要 |
| iff | if only if | 若且为若，互为充分、必要条件，充要的意思 |
| →← | 矛盾 Contradiction | 逻辑错误 |

表 9　元素与集合使用符号

| 符号 | 念法 | 用途与意义 |
|---|---|---|
| N | 正整数集合 | 描述元素是正整数 |
| Z | 整数集合 | 描述元素是整数 |
| Q | 有理数集合 | 描述元素是有理数 |
| $Q^C$ | 无理数集合 | 描述元素是无理数 |
| R | 实数集合 | 描述元素是实数 |
| A | 复数集合 | 描述元素是复数 |
| ∈ | 属于 | 元素属于集合 |
| ⊂ | 被包含 | A 集合是 B 集合的一部分, A 的元素 B 都有, B 的元素 A 未必有 |
| ⊃ | 包含 | B 集合是 A 集合的一部分, B 的元素 A 都有, A 的元素 B 未必有 |
| ∧ | 且 | 同时都有两个的性质 |
| ∨ | 或 | 两个其中一个 |
| ∩ | 交集 | 两集合共有的部分 |
| ∪ | 并集 | 两集合所有的部分 |
| $A^C$ | 补集 | 除了该集合的其他部分 |
| ∅ | 空集合 | 没有任何元素的集合 |

表 10　常见的函数

| 函数 | 念法 | 用途与意义 |
|---|---|---|
| $f(x)$ | $f$ 函数 | 随 $x$ 改变的函数, 如: $f(x)=2x+1$、$f(1)=3$、$f(2)=5$。若一个问题中有多个函数时, 则改变函数的代号以示区别, 如: $g(x)$、$h(x)$ |
| $\sin(x)$ | 正弦函数 | 三角函数之一, 数学、物理都常用到 |
| $\cos(x)$ | 余弦函数 | 三角函数之一, 数学、物理都常用到 |
| $\tan(x)$ | 正切函数 | 三角函数之一, 数学、物理都常用到 |
| $\cot(x)$ | 余切函数 | 三角函数之一, 数学、物理都常用到 |
| $\sec(x)$ | 正割函数 | 三角函数之一, 数学、物理都常用到 |
| $\csc(x)$ | 余割函数 | 三角函数之一, 数学、物理都常用到 |

**表11　微积分使用符号**

| 符号 | 念法 | 用途与意义 |
|---|---|---|
| $\varepsilon$ | epsilon | 极小数字 |
| $\delta$ | delta | 小写是极小数字 |
| $\infty$ | infinity | 无穷大的数字符号。 |
| $\displaystyle\lim_{x\to a}$ | limit | 极限，当 $x$ 无限靠近 $a$ 时 |
| $\exists$ | exist | 存在 |
| $\exists!$ | exist and only | 存在且唯一 |
| $\forall$ | for all | 对每一个 |
| $\dfrac{d}{dx}$ | differential | 微分 |
| $f'(x)=y'$ | f prime x | 一阶微分，微分一次。$y'$ 念 y prime |
| $f''(x)=y''$ | f prime prime x | 二阶微分，微分两次 |
| $f^{[3]}(x)=y^{[3]}$ | | 三阶微分，微分三次，之后数字以此类推 |
| $\int$ | integral | 积分符号 |

## 知识补充站

　　认识许多特殊符号与帮助叙述的符号后，可以更便利地学习数学，也发现数学家就是为了要省下时间，去做更多的推理，所以发明了许多符号来偷懒。

**什么是黄金比例?**

人们在希腊时代就已经在研究黄金比例的性质了，又称黄金分割。具有黄金比例的长方形，是长方形长度切去长方形宽度后，原来长方形比例等于后来长方形比例。比例相等，如图12、13，这个特别的比例用符号Φ来表示。

所以，$\dfrac{x}{y} = \dfrac{y}{x-y} = \Phi$

可知，则 $\dfrac{x}{y} = \Phi$

$$\dfrac{y}{x-y} = \dfrac{1}{\dfrac{x}{y} - 1} = \dfrac{1}{\Phi - 1}$$

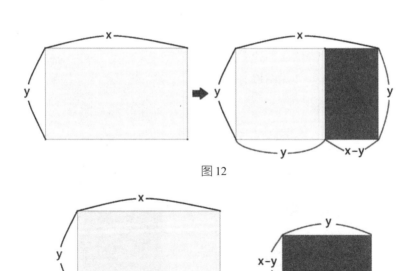

图12

图13

$$\Phi = \frac{1}{\Phi - 1}$$

$\Phi^2 - \Phi - 1 = 0$ 利用公式解

$$\Phi = \frac{1 + \sqrt{5}}{2} \quad 或 \quad \Phi = \frac{1 - \sqrt{5}}{2} （负数解舍弃）$$

$$\Phi = \frac{1 + \sqrt{5}}{2} \approx 1.618$$

得到黄金比例Φ长：宽=1.618：1。

有哪些东西具有黄金比例呢？

1.蒙娜莉莎的微笑，脸的宽度与长度、额头到眼睛与眼睛到下巴的比。（见图14）

2.埃菲尔铁塔的比例，侧面的曲线接近以黄金比例为底数的对数曲线。（见图15）

3.电视机原本的比例是4：3，现在都是用16：9或16：10的比例来制造，以接近黄金比例，因为视野也是接近黄金比例的！

4.帕特农神庙。

5.小提琴。（见图16）

6.五芒星。（见图17）

7.鹦鹉螺。

图14

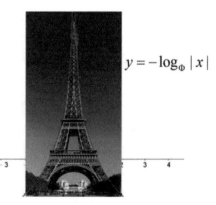

$y = -\log_\Phi |x|$

图15

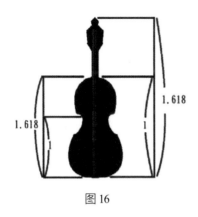

图 16                                    图 17

　　当然大家应该更关心的身材黄金比例，女孩子总是想挑选让自己看起来最漂亮的高跟鞋，但到底要穿多高才符合黄金比例呢？就是让全身与下半身（肚脐到脚底）具有1.618的比例，计算式：

$\dfrac{身高-1.618\times下半身}{0.618}=$高跟鞋高度，如图18。大自然中拥有美丽形状的海螺，也具有黄金比例，如图19。所以我们可以发现生活中处处有黄金比例，处处有数学。

$$(x+h):(y+h)=1.618：1$$
$$x+h=1.618(y+h)$$
$$x+h=1.618y+1.618h$$
$$x-1.618y=0.618h$$
$$\dfrac{x-1.618y}{0.618}=h$$
$$\dfrac{身高-1.618\times下半身}{0.618}=高跟鞋高度$$

身高 $x$

下半身 $y$

高跟鞋 $h$　　高跟鞋 $h$

图 18

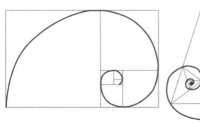

图 19

# 永远跑不完的100米

　　这是一个经典的数学悖论（悖论：指的似是而非、相互矛盾的问题），在古希腊被称为"二分辩"，它是古希腊智者学派的杰出代表之一——齐诺（Zeno）的四大悖论（Paradox）之一，即：跑完100米是不可能的。悖论内容："一个人跑100米，先跑到50米，再跑剩下的一半是25米，再跑剩下的一半是12.5米，不断折半，一直到最后，他还是无法到达100米，请问正确吗？"[①]（见图20）

　　在逻辑上，要跑完全程必须要先到达两点的中间点，然后再到下一个中间点，但中间点有无限个，所以光中间点就跑不完，自然而然就跑不完100米。但在实际上100米怎么可能跑不完，这问题便陷入了奇怪的矛盾之中，用生活中的说法也没有错，单纯看问题的说法也没有错，会产生错误的原因，是因为一直想将生活上的经验套进题目之中。题目中有说明每次跑路程一半，而不是说他一次跑固定距离。如果是固定距离的话，积少成多，总会到达；但如果是不间断的无限距离，是无法到达的。因为这里思考上会出问题，希腊人便都对无限感到不舒服，甚至连阿基米德也不例外，这种情形在当时被称为"无限恐怖"，所以人们会在计算上避开无限。但至少知道其数值会越来越靠近。这也是割圆术算出圆周率的重要观念。

　　而这故事同时也可解释，一条线上为何说是有无限多的点——因为0与1两点之间可以找到中心点，就此还可以再延伸出无限多的中心点。

不可思议的数学：必须知道的 50 个数学知识

────────────

　　① 在中国也有类似的文章，《庄子·杂篇·天下》：一尺之棰，日取其半，万世不竭。

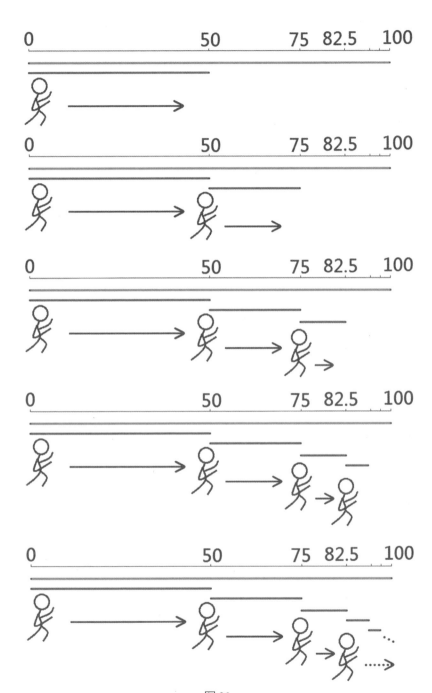

图20

无限的概念问题延伸：$\frac{1}{3} = 0.\dot{3}$ 吗?

如果我们认同 $\frac{1}{3} = 0.\dot{3}$ 正确，则 $\frac{3}{3} = 0.\dot{9}$ ，也就是 $1 = 0.\dot{9}$ ，但由"二分辩"可知 $0.\dot{9}$ 一直在靠近1，但绝对不是1。观察可知 $0.\dot{9} = 0.9 + 0.09 + 0.009 + \cdots$ 是等比级数，等比级数计算式为：$s = \dfrac{a(1-r^n)}{1-r}$ ，首项为 $a$ ，公比为 $r$ ，项数为 $n$ ，所以总和是 $s = \dfrac{0.9 \times [1-(0.1)^n]}{1-0.1} = 1 - (0.1)^n$ ，1会减掉很小很小的数值，但总和仍然不是1。所以 $\frac{1}{3} = 0.\dot{3}$ 是符号上的混乱。我们要知道 $0.\dot{3}$ 会很接近 $\frac{1}{3}$ 。于是定义 $0.\dot{3}$ 的极限是 $\frac{1}{3}$ ，在计算上就用 $\frac{1}{3}$ 。当然有时，我们会看到一堆奇怪的错误解释，如：

$$
\begin{array}{r}
0.99\cdots\cdots \\
9\overline{)9\phantom{0000}} \\
\underline{0}\phantom{000} \\
90\phantom{00} \\
\underline{81}\phantom{00} \\
90\phantom{0} \\
\underline{81}\phantom{0} \\
90 \\
\underline{81} \\
\cdots\cdots
\end{array}
\quad\longleftrightarrow\quad
\begin{array}{r}
\frac{1}{\phantom{9}} \\
9\overline{)9} \\
\underline{9} \\
0
\end{array}
$$

，所以说 $1 = 0.\dot{9}$ 是不合理的。

## 结论

对于分数与无穷小数的概念要分清楚，只是在取无穷时认为相等严格意义上是不能画等号的。

# 圆锥曲线（一）：抛物线 Ⅰ

　　我们知道，世界上有很多直线构成的图形，如：正方形、三角形、长方形、菱形等。而曲线的图形我们也知道有圆形、椭圆、抛物线、双曲线等，这些被称为圆锥曲线。早在希腊时期学者们便开始研究这些图形的特性，但平面坐标系在那时候尚未出现，并不容易研究，也没有精准绘图的方法。当时是用切圆锥法，发现曲线有其固定的离心率。（见图21）离心率是曲线上点到焦点的距离与点到准线的距离的比率。参考表12，了解各圆锥曲线的离心率。

表12　圆锥曲线的离心率，离心率（$e$）＝点到焦点的距离 ÷ 点到准线的距离

| 图形 | 离心率（$e$）的范围 | |
|------|------|------|
| 圆形 | $0$ | 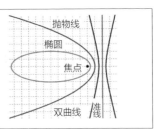 |
| 椭圆 | $0<e<1$ | |
| 抛物线 | $e=1$ | |
| 双曲线 | $1<e<\infty$ | |

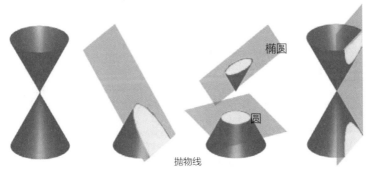

图21　圆锥的截面

希腊时期的抛物线是圆锥曲线的一部分，并不是抛出物体的路线，与现在知道的抛物线是不相同的。当时认为抛出物体的路线是直线和圆弧的组合，铅球则是直直往下掉，此观念一直到伽利略时期才改过来，参考圆锥曲线（二）。

## 抛物线的物理特性

根据传说，阿基米德利用光滑的盾牌排成抛物线来反射光线，聚焦燃烧了敌国的船，如图22。百慕大上空的飞机莫名消失，据说可能是该区的海有漩涡，使得海面变成一个抛物面，阳光照射下来反射后形成的焦点温度相当高，所以飞机通过的时候被整个烧毁，如图23。但是这件事情因为无法试验而无法证明。在现今生活上的应用是——手电筒将光源照出去利用抛物面来射出平行光与雷达接收电波、太阳能的反射板，都是利用抛物面来帮忙聚焦。

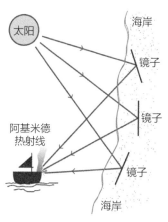

图 22 抛物面聚焦烧毁船只

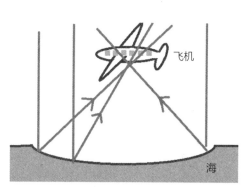

图 23 抛物面聚焦烧毁飞机

## 抛物线的重要性

阿基米德对抛物线涵盖的面积感到非常好奇，他通过计算许多三角形的总和来接近抛物线下的面积，见下图。

同时这个方法也是阿基米德拿来计算圆面积的方法，此方法在当时能够有效算出曲线涵盖的面积，但仍然美中不足，因为计算上相当不方便。但这样的方法可以启发微积分中的积分概念，所以每一次数学的进步，都需要前人不断地累积，才能在未来的某一天结出果实。

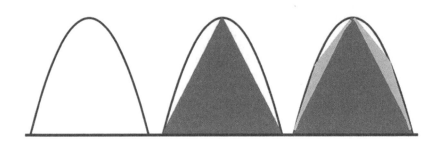

 三角函数

## 三角函数的由来

古埃及人盖了许多金字塔，在公元前625至公元前574年间，埃及法老想知道金字塔的高度，便命令祭师测量高度，但不知道如何去测量。一位四处游历的来自希腊的数学家——泰勒斯（Thales）想到一个好方法。他提出："太阳下的物体会有影子，影子在某一个时间点的长度刚好会跟物体的高度一样。"于是他们在金字塔旁边立起了一根木棍，等到影子长度跟木棍一样长时，再去量金字塔的影子，这就是金字塔的高度了，如图24，最后顺利地解决了法老的问题。

图24中，感觉金字塔影子并没有跟金字塔高度一样。原因是"金字塔顶到地面的垂点"到"影子尖端"有一部分影子被挡住了。用透视图的长度关系，如图25，就能得到正确的金字塔高度。金字塔高度＝影子最长部分＋金字塔底边的一半，同时由于柱子长与影子长的关系，被发现不是只有相等而已，而是同一时间点，柱子长与影子长的比例关系都是一样的，如图26。于是人们又开始了对这些图案关系的研究，最后发现了三角形相似形的关系——相似的两个三角形具有对应角度数相等、对应边长成比例的特征，如图27。而研究比例的学问就是三角学。

比例的各角度表格早在古希腊时期就已经出现，古希腊时期的函数表见图28。同时表格的角度是图29的$\theta$，而弦是$\theta$的对边，不同于现在的三角函数，后来改成直角三角形，就变成了我们现在的三

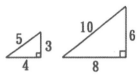

图 24 金字塔影长　　图 25 透视图　　图 26 同一时间的　　图 27 三角形可以
　　　　　　　　　　　　　　　　　　　　　　竿影比相同　　　　　等比例放大

角函数。现在常用的三角函数sin、cos和tan是以角度作为自变数的函数。用古希腊字母"$\theta$"代表角度，所以三角函数写成sin（$\theta$）、cos（$\theta$）、tan（$\theta$），此时的角度只用到0到90度之间，就足够满足全部的情况。希腊时代所应用的三角学局限在"正数值"的范围内，因为古希腊时代的数学家仍不知"负数"为何物（欧洲数学家到17世纪才接受负数的概念）。但这个"局限"的三角函数在古代天文测量中已发挥极大的价值。以古希腊天文学家、数学家喜帕恰斯的研究结果为例，可求出地球半径、地球到月球的距离。

图 28 古希腊时期的函数

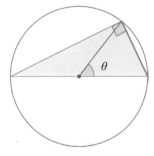

图 29 古希腊弦函数表
的弦指的是 $\theta$ 的对边

此刻的三角函数功能，比较类似九九乘法表，说成三角形比例值表可能更为贴切，在当时被称为"三角学"。而计算规则如同指数律，没有讨论函数图形，所以此时的三角函数又称狭义三角函数。

## 河流有多宽

在以前，怎样量出河流宽度，见图30，可以靠绳子横跨河面来量长度，但不可能每条河流都靠这个方法，遇到太宽不能量的时候怎么办？以前又没有卫星帮助测量，那古代人到底是如何量出的河流宽度呢？见图31到图38。古时候的人测量河流的宽度，是利用相似形的比例性质。

第一步：先确定要量的河流位置，左岸的一点与右岸的一点，如图31。

第二步：延伸两点连线，并标记第三点（左岸的第二点），如图32。

第三步：左岸两点作一组平行线，如图33。

第四步：作一条线截两平行线并通过右岸的点，如图34。

第五步：测量在自己左岸上所标记的距离（单位：米），如图35。

该如何计算呢？切出所需要的部分，并假设要量的河流宽度为$x$，如图36。因为平行有同位角，所以具有相似形，如图37。切出相

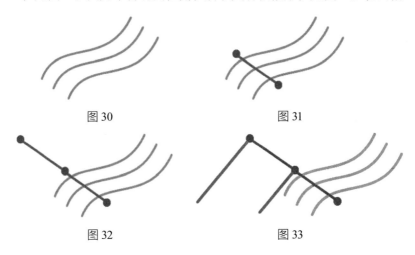

图 30　　　　　　　　　　图 31

图 32　　　　　　　　　　图 33

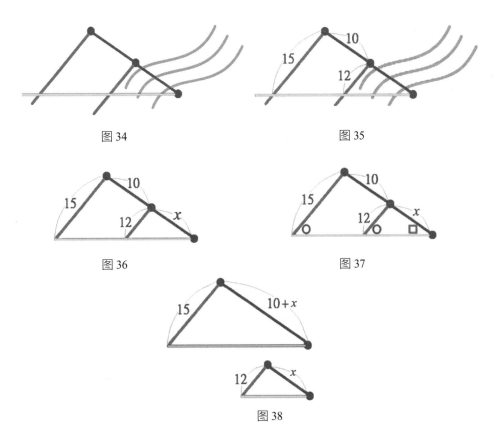

图 34

图 35

图 36

图 37

图 38

似部分，见图38。具有相似比例，可得到下列式子：

$$15 : (10+x) = 12 : x$$
$$15x = 120 + 12x$$
$$3x = 120$$
$$x = 40$$

所以，河流宽度为40米。

## 山有多高

古时候的人只需要找一块平坦的地面与两根一样长的棍子，便能计算山有多高。（见图39～44）

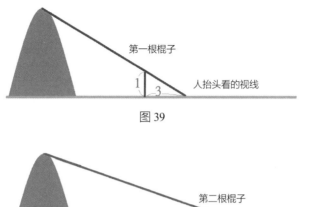

第一根棍子

人抬头看的视线

1

3

图 39

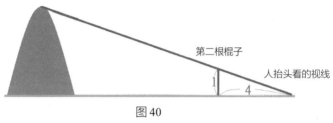

第二根棍子

人抬头看的视线

1

4

图 40

第一步：将棍子插在地面，棍子须垂直于地面。

第二步：后退几步，趴在地上抬头看，让棍子顶端与山顶重叠，如图39。

第三步：测量棍子长度与后退距离，得到棍子1米，后退距离为3米。

第四步：继续后退46米，将第二根棍子插在地面，棍子须垂直于地面，两根棍子距离49米。

第五步：再后退4米，趴地上抬头看，让第二根棍子顶端与山顶重叠，如图40。

第六步：标示距离，如图41。该如何计算山有多高和距山多远呢?

我们可以将图案简化，假设山的高度为$x$、第一根棍子与山的距离为$y$，如图42。

图43的左边为第一根棍子的图形，右边为第二根棍子的图形。因共用角与直角是AA相似，得出相似形，如图44。

因相似形所以左边$x:(y+3)=1:3$，右边$x:(y+53)=1:4$。

得到两个式子，可解：

$$\begin{cases} x:(y+3)=1:3 \\ x:(y+53)=1:4 \end{cases} \Rightarrow \begin{cases} y+3=3x \\ y+53=4x \end{cases} \Rightarrow \begin{array}{l}\text{两个等式相减,}\\ \text{即可得出} x=50\end{array}$$

再将 $x = 50$ 代入 $y + 3 = 3x$，可得到 $y = 147$。

所以山的高度为50米，距离山的距离是147米。

本题为假设性题目，图案为示意图，在真实情形中可用同样的方法，换数字再计算就能得到答案。根据相似形原理可以计算出山有多高，这个方法直到现在仍然有用，毕竟我们不可能把山挖个洞，从山顶挖到地平线，更何况又不知道是要挖多深才到地平线，如果知道要挖多深，就不需要测量山高了。

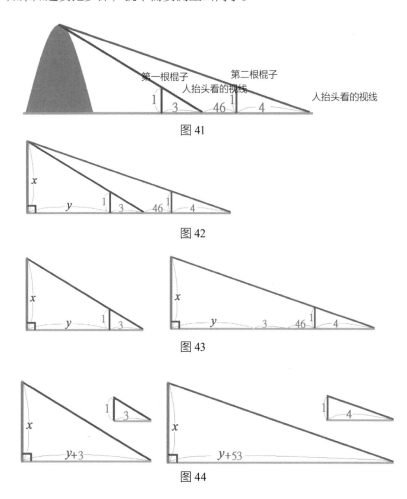

图 41

图 42

图 43

图 44

## 地球多大、月亮多远

喜帕恰斯（Hipparchus）是古希腊天文学家，传说他视力非常好，并且会利用三角函数计算地球半径，以及地球到月球的距离，所以喜帕恰斯被称为天文学之父。（见图45）

### 计算地球半径

喜帕恰斯计算地球半径过程如下：爬上3英里<sup>①</sup>高的山，向地平线望去，测量视线和垂直线之间的夹角，测得∠CAB近似于87.67°，如图46。

利用三角函数的sin函数，也就是 $\dfrac{对边}{斜边}$，如表13。需查表sin（87.67°）是多少？

$$\sin(87.67°) = \frac{R}{R+3} = 0.99924$$
$$R = 0.99924(R+3)$$
$$R = 0.99924R + 0.99924 \times 3$$
$$0.00076R = 2.99772$$
$$R = 3944.368\cdots \qquad 四舍五入$$
$$R \approx 3944.37 \qquad 地球半径约3944.37英里$$

图 45

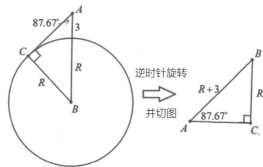

逆时针旋转

并切图

图 46 计算地球半径示意图

① 英里：英制长度单位，约等于1609.3米。

**表13**

| | |
|---|---|
| 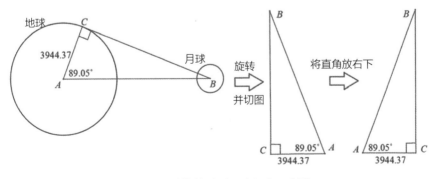 图中直角三角形，顶点 $A$，边 $c$、$b$、$a$，直角在 $C$，$B$ 角 | $\sin(\angle B) = \dfrac{对边}{斜边} = \dfrac{\overline{AC}}{\overline{AB}} = \dfrac{b}{c}$ |

喜帕恰斯计算出地球半径为3944.37英里。与我们利用现代科技，测量到的地球半径 3961.3英里只差17英里，误差不到0.4%！两千多年前喜帕恰斯运用三角测量学得到如此惊人的结果，简直太"酷"了！

**计算地球到月球的距离**

喜帕恰斯假设：

1.从地球中心到月球中心为图中的 $A$ 点到 $B$ 点 $=\overline{AB}$；

2.由 $B$ 作一条至地球表面的切线；

3.切点为 $C$，如图47所示。

利用三角函数的cos函数，也就是 $\dfrac{临边}{斜边}$，见表14，需查三角函数表cos（89.05°）是多少？

已知地球半径 = 3944.37英里，因为 $\angle A$ 是 $C$ 点的纬度，喜帕恰斯从他建构的经纬系统得知 $\angle A$ 约等于89.05°。

**图47 计算地球到月球距离示意图**

**表14**

| | |
|---|---|
| *A* 三角形，∠C为直角，<br>*c*、*b*为斜边，∠B在B处，<br>*B* *a* *C* | $\cos(\angle B) = \dfrac{临边}{斜边} = \dfrac{底}{斜边} = \dfrac{\overline{BC}}{\overline{AB}} = \dfrac{a}{c}$ |

$$\cos(89.05°) = 0.01658$$

$$0.01658 = \frac{3944.37}{\overline{AB}}$$

$$\overline{AB} = \frac{3944.37}{0.01658}$$

四舍五入
地球到月球约为238,000英里

$$\overline{AB} = 23\overset{8}{7}899.27\cdots$$

$$\overline{AB} \approx 238000$$

　　现代高科技测量到的"平均距离"为240,000英里。相比较之下，二者的误差不到0.8%！所以说三角函数的确可靠。相似形是三角函数的基础，三角函数是测量的基础，所以三角函数很重要，也很实用。

## 日食、月食

　　日全食与月全食是相当特别的天文现象。日全食是月球刚好挡住了太阳，只剩一个边框；如果月球离地球远一点，会遮不住太阳，变成类似甜甜圈的形态，如图48至图50；如果月球离地球近一点，会全遮住太阳。所以这位置是刚好的，如图51。

　　同理，月全食是地球刚好挡住了月球，使得其无法反光；如果月球离地球远一点，不会被地球遮住，还能反光；如果月球离地球近一点，会被全部遮住，无法反光，就是一片黑，如图52。由日食、月食可以观察到相似形的概念，也就是三角函数。

图 48 日食

图 49 日食

图 50 日食

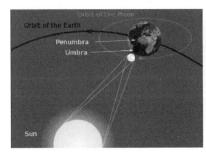

图 51 日食原理

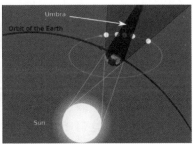

图 52 月食原理

### 日食、月食的影响

生活方面：造成短暂能见度降低，交通运输存在一定的危险；通信也受一定程度的影响；温度也会降低，对植物也会产生影响。

文化方面：各个国家早期遇到日食、月食，大多认为是上天将要降下灾厄，或是有恶魔要占领国家，也有的国家认为是崇拜的神兽将其藏了起来，或是被动物吞掉。因此人们有着祭祀、祷告、避难，或是进攻、对其投掷武器、对其大声喧哗恐吓等方法，以期恢复到原本的样子。

谋权获利：部分有心人士，利用特殊的天文现象，对无知民众宣传，说成是某人的暴政所致，所以必须起义推翻当前的统治者。哥伦布曾经利用特殊的天文现象，在新大陆对当地居民说在何时月亮将会消失，何时会再出现，然后获得他需要的东西，利用了民众的无知来获利。

现在我们掌握了天文知识，日食、月食变成了一个简单又特殊的自然现象，我们只需要用平常心去观看，欣赏宇宙的奥妙，再从其中发现数学的足迹。

☑️ **小博士解说**

20世纪发生月食230次，其中85次是月全食，但因地点、时间的限制，不是所有人都能看到。同时要拍月食的连续照片（缩时摄影），类似图50，照片要预留一点背景，因为月亮爬升很快，留太少会超出照片画面。21世纪总共发生224次日食，你如果有兴趣，可以查好时间、地点，去看日食或月食。

## 地平线究竟有多远？

我们常说：长得高的人看得比较远；也说"登高望远"；在生活上也知道爬上高山能看得更远；瞭望台一般也都盖得很高，以利于观察远方敌踪；船上的瞭望手一般都会在高的地方观看敌船的踪影，而不是在甲板上。也听过：望山跑死马。为何看似快到了却还那么远？如果中间都没被挡住，那么高度与可视距离的关系是什么？可视距离的极限——地平线与自己的位置距离有多远？

我们知道，地球是一个不规则球体，那么向远方看去，我们会看到地平线，那是我们可看到距离的极限，不管抬头还是低头，地平线离自己的距离都不变，抬头就看到空中，低头看不到地平线。图53中，C点是地平线，A点是眼睛高度，无论眼睛再怎么看都不会看到C点后方，不管是拿望远镜还是视力多好的人，都看不到C点后方凹下去的部分。B点是圆心，r是地球半径，地球半径是6357千米至6378千米，但并不是标准的球状。r使用平均半径6371千米。而"自己的位置"与"自己看到的地平线"的距离，是球的部分弧长。这段弧长要利用三角函数来帮忙计算，已知：弧长（s）＝半径×

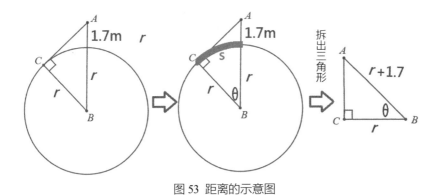

图 53 距离的示意图

圆心角度＝$r\theta$。

$$\cos(\theta) = \frac{r}{1.7+r}$$

$$\theta = \cos^{-1}\left(\frac{r}{1.7+r}\right)$$

所以，弧长是：

$$s = r \times \cos^{-1}\left(\frac{r}{1.7+r}\right)$$

由于我们地球不是标准球状，故半径是个约略值，所以求得距离也是约略值。从表15可知，大多数人站着可以看到4～5千米距离；而开车、骑车时，眼睛高度约是150厘米，所以约可以看到4.3千米远；每艘船甲板高度不同，看到的距离也不同，在7米高的船上，当水手在甲板眺望远方地平线，看见远方出现一点陆地，此时陆地距离船约为9千米；在海拔不高的岛上，可以看到约15千米远的景色；在楼顶的摩天轮顶端，可以看到25千米远。参考表15。

同样地，除了可以利用三角函数计算所处位置到地平线的距离，还说明了越高的地方看得更远。

表15　列出不同高度时，所在位置与地平线之间的距离是多少

| 眼睛高度(厘米) | 可视距离(千米) | 所在位置 | 高度(米) | 距离(千米) |
|---|---|---|---|---|
| 15(趴着) | 1.38 | 爸爸肩上 | 2 | 5.04 |
| 120 | 3.91 | 马上 | 2.5 | 5.64 |
| 125 | 3.99 | 甲板上 | 7 | 9.44 |
| 130 | 4.07 | 5楼高 | 15 | 13.82 |
| 135 | 4.14 | 10楼高 | 30 | 19.55 |
| 140 | 4.22 | 11楼高 | 57 | 26.95 |
| 145 | 4.29 | 楼顶摩天轮 | 100 | 35.69 |

☑ 小博士解说

所处位置与地平线之间的距离，与视力好坏无关，而与所在高度有关系。因为视力好坏影响图像清晰度，拿着望远镜看到的地平线位置还是一样的。好比说，用显微镜看标本，放大无数倍，眼睛与标本的距离，还是那段距离。

## 山有多远

已知眺望远方地平线高度是0时，怎么求你与地平线的距离？

当我们看到山顶是一点时，如图54，其山顶与地平线在一条直线上。由表15可知，在马背上时可以看到地平线是5.6千米左右远，但其实还要更远，因为还要加上山的高度。

如果今天有一座山高1120米，那在马背上高度为2.5米看到山顶时，再跑到山脚下距离会是多少？如图55，要计算两个部分的地平线距离，再加起来。由表15可以知道1120米高的山上，看地平线是119.45千米，而在马背上2.5米高，看地平线是5.64千米，所以当我们看到山出现一点时，距离山脚还有119.45 + 5.64 = 125.09千米。一开始看到山，我们以为快到了，越靠近山，它慢慢露出全貌，等看到全貌，还有一段距离要走；在本问题，全长有125千米那么远，也难怪马会跑到累得半死，所以才会有"望山跑死马"的说法。

下面介绍一座高山，从远处看到山顶，一直到看见山脚的图案变化，由此来感觉起点到山脚下距离的长短。一开始看到山顶，以平常感觉，看到代表快到了，但往前走再看到一部分，再继续往前走再看到下一部分，一直等到看到山脚时，才算是看到整座山。等看到整座山已经走了不少距离，还要再走一段距离，所以确实很远。（见图56）

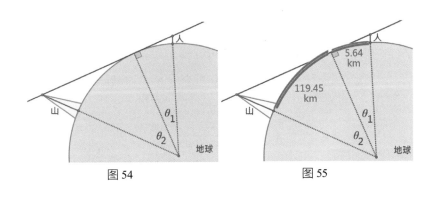

图 54　　　　　　　　　　　　图 55

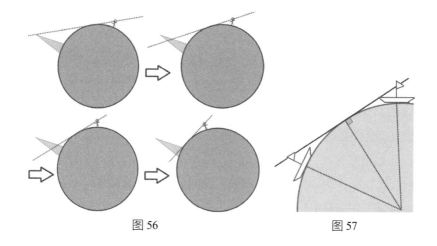

图 56

图 57

## 小博士解说

在实际中，我们大多不知道山有多高，少了山高影响的距离，所以我们在距离的估算上几乎是不准确的。但还好我们现在有科技产品可以用卫星定位算出距离，不过我们仍然可以借由数学计算与图案，将山很远的原因说清楚，没看到山的全景，都代表距离还非常遥远。

同样，在海上，别艘船的顶端消失在视线，其距离也是一样道理。要看“自己船的高度”与“对方船的高度”，再计算距离。（见图57）

# 毕氏定理与 $\sqrt{2}$

毕达哥拉斯（Pythagoras）生活于约公元前580年至公元前500年，是古希腊数学家，他和其他一部分希腊学者组成了"毕达哥拉斯学派"，他们认为世界万物的源头是数学，数学是神圣的，没有数学，人类就不能思考，宇宙也没有规律可言。学派成员被要求不得外泄这个秘密，不能加入其他学派，不准外传知识。但这个学派也是男女平权的先驱，容许贵族妇女来听课，学派中也有10多名女学者，这是其他学派所没有的。

毕达哥拉斯的趣事很多，他认为所有人都要懂几何。有一次他看到一个勤勉的穷人，便教他学习几何，对他说只要学会一个几何定理，就给他一块钱币，于是穷人便学习几何。过了一段时间后，这位穷人对几何产生了很大的兴趣，反而要求毕达哥拉斯教快一点，并且说多教一个定理，就给毕达哥拉斯一个钱币，没多久，毕达哥拉斯就把以前给穷人的钱币全都赚回来了。

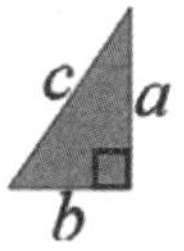

毕氏学派发现直角三角形（见图58）有一个特殊性质——直角三角形三边长 $a$、$b$、$c$，如果斜边是 $c$，则 $a^2 + b^2 = c^2$。此性质在西方被称为毕氏定理（也就是我们所说的勾股定理）。用图解释可得出：利用正方形，切开成2个正方形与4个一样的直角三角形。重新组合会得到一个大正方形与4个一样的直角三角形。（见图59、60）三角形影响着几何学的兴起，连带影响后世的研究，甚至是逻辑的推演。柏拉图更在自己学院大门口写着："不懂几何学者，不得进入此门。"

图58

毕达哥拉斯的学生希伯斯（Hippasus），研究毕氏定理时，发现新性质的数：$\sqrt{2}$。毕氏学派曾认为万物都是有理数，但 $\sqrt{2}$ 经证

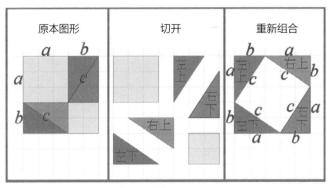

| 原本图形 | 切开 | 重新组合 |
|---|---|---|

图 59

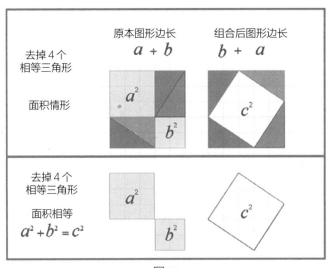

图 60

明后，却不是有理数，令他们感到很惊讶，所以把这种性质的数称作无理数。

而我国《周髀算经》记载早在约公元前1000年的周公与商高对话中，就发现直角三角形的特性，称作勾股定理，但图案切割方法不同于毕氏定理。（见图61、62）

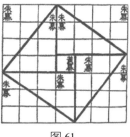

图 61

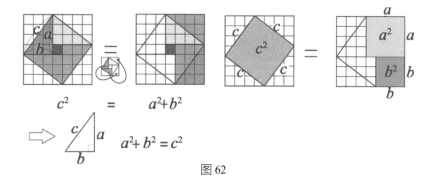

$$c^2 = a^2 + b^2$$

$$a^2 + b^2 = c^2$$

图 62

毕氏定理公式为：$a^2 + b^2 = c^2$，$a$ 为直角的一边、$b$ 为直角的另一边、$c$ 为斜边。有时会被拆成3组：$a^2 + b^2 = c^2$、$a^2 = c^2 - b^2$、$b^2 = c^2 - a^2$，甚至再加上3组：$\sqrt{a^2 + b^2} = c$、$a = \sqrt{c^2 - b^2}$、$b = \sqrt{c^2 - a^2}$，这些方法严格来讲，容易导致学习的记忆混乱。这些其实都是移项整理出来的新算式，实在不需要去背诵那么多的数学式，增加厌恶数学的感觉。同理，这个情况也发生在速率公式上，距离÷时间＝速率，延伸出了后两者：距离＝速率×时间、距离÷速率＝时间，后面两个都是延伸出来的计算式。

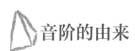

# 音阶的由来

　　数学家毕达哥拉斯不只推广了三角形的毕氏定理（同"勾股定理"），更创立了音阶。他二十多岁的时候曾在埃及留学，学习数学的同时也学习了哲学和天文学，对于埃及的音乐及种类繁多的乐器，也表现出高度的兴趣。公元前500年，毕达哥拉斯外出散步，经过一家铁匠铺，里面传来几位铁匠用铁锤打铁的声音，当许多铁锤声叠在一起时，有时会发出悦耳的声音，也会发出刺耳的声音。他走进打铁店里，试着寻找哪些东西是会发出悦耳声音的。果然他发现了几种材质会发出好听的声音，在自制的单弦琴上，一边移动一边进行各式各样的声音实验。

　　毕达哥拉斯先找出大多数人喜欢的声音，作为基准音C，再根据此音的弦长度按压不同的位置，找出大多数人能接受与C一起弹奏时具有合音效果的音。与C同具合音效果的音在现在被称为C和弦，并且发现这些音的弦长按压点的比例是整数比。于是毕达哥拉斯利用这些概念确定了音程，最后他创造出了五音的音律。表16是放上七音的音律部分，这也是我们弦乐器按的位置，一直沿用至今。我们可参考中世纪的木刻（见图63），该木刻描述了毕氏及其学生用各种乐

图63

表16

| 音阶 | | 比例 | 按压点 | 图 |
|---|---|---|---|---|
| Do | C | 1 | 空弹 | |
| Re | D | 8:9 | $\frac{8}{9}$压住 | |
| Mi | E | 64:81 | $\frac{64}{81}$压住 | |
| Fa | F | 3:4 | $\frac{3}{4}$压住 | |
| Sol | G | 2:3 | $\frac{2}{3}$压住 | |
| La | A | 16:27 | $\frac{16}{27}$压住 | |
| Si | B | 128:243 | $\frac{128}{243}$压住 | |
| 高八度 Do | 高八度 C | 1:2 | $\frac{1}{2}$压住 | |

数字是所有事物的本质。

弦的振动中有几何学，天体的运行中有音乐。

——古希腊数学家毕达哥拉斯

器研究音调高低与弦长的比率的一幕。

　　音阶的产生不是那么容易，它存在音程的问题。我们现在使用的音阶是约翰·伯努利（John Bernoulli）在一次旅行途中，遇见音乐家巴赫（Bach），为了解决某些音程的半音不等于一个全音的问题，发现其音程结构如同$r = e^{a\theta}$，如果令每30度一个音程，就可以漂亮解决全音半音的问题，其结构就是现在的平均律，也就是7个音阶，这让现代得以创造出各式各样的音乐。（见图64）同时我们熟知的声调Do、Re、Mi是一种波形，以及单音组成的和弦也是波形，如：Do+Mi+Sol=C大三和弦，可用数学方程式表现。（见图65、66）

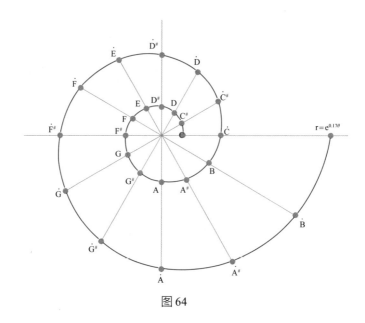

图 64

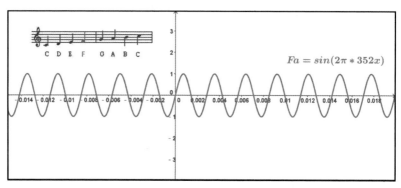

图 65 Fa 的函数图

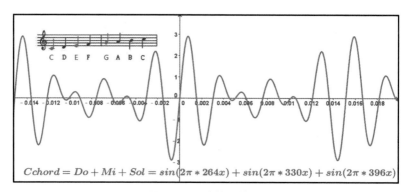

图 66 C 和弦的函数图

# 第一个重要的无理数：圆周率$\pi$

圆形是一条弯曲的线，没办法直接计算周长，所以人们不断地想办法，去找圆周相关的关系式。在各个地方都有人在寻找圆周率的真正数值，西方的阿基米德（Archimedes），中国的刘辉、祖冲之等人，都发现圆的直径乘以圆周率就是周长。目前我们使用的圆周率为：3.14159 265358 97932 38462 64338 32795 02884 19716 93993 751……接着我们来看看圆周率的历史。

公元前 2000 年的巴比伦人，给出了圆周率是$\frac{25}{8}$（3.125）的结论，比较接近我们目前使用的数值了。

公元前 1700 年，埃及的《阿美斯纸草书》（*Ahmes*）上出现了圆周率是$\frac{256}{81}$（3.1604938……）的写法，并且半径为 1 的圆面积会接近一个边长是$\frac{16}{9}$的正方形面积，如图 67。

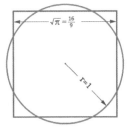

图 67

公元前 287 年，希腊的阿基米德在圆内作正六边形、正十二边形、正二十四边形、正四十八边形，作到正九十六边形，发现$3\frac{1}{7}$ > 圆周率 > $3\frac{10}{71}$，到他死之前，都还在沙地上画圆计算圆周率（见图 68），最后关头，他对杀入家门的罗马士兵说，别踩坏他画的图，罗马士兵心想俘虏还嚣张，便愤而杀死了他。为了纪念阿基米德的贡献，人们在他坟前做了一个圆球、一个圆柱，可惜怎么做也做不标准。

我国早有"径一周三"的说法，即周长约为直径的三倍。公元 429 年，南北朝祖冲之作出约率$\frac{22}{7}$、密率$\frac{355}{113}$。虽然后世不知祖冲之用什么方法计算出圆周率的，但为纪念祖冲之计算出圆周率，人们将月球背面的一座

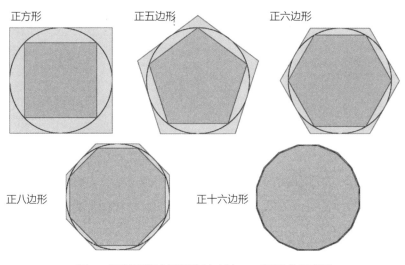

正方形　　　　　正五边形　　　　　正六边形

正八边形　　　　　正十六边形

图 68　阿基米德求圆周率的方法——割圆术示意图

环形山命名为"祖冲之环形山",将小行星 1888 命名为"祖冲之小行星"。并且祖冲之计算的密率,在当时是全世界最精准的圆周率数值。这些圆周率数值都经过了合理的计算,误差很小。但也是有奇怪的圆周率数值出现在历史上的,例如:美国印第安纳州曾经规定圆周率等于 4,匪夷所思。

而在公元前 6 世纪成书的《旧约全书·列王记上篇》中描述了所罗门王神殿内祭坛的规模:"他又铸一个铜海,样式是圆的,高五肘、径十肘、围三十肘。"《旧约全书·历代志下篇》也有类似的描述。这两节《圣经》经文尽管没有直接提到圆周率,却暗示着圆周率为 30/10 =3。

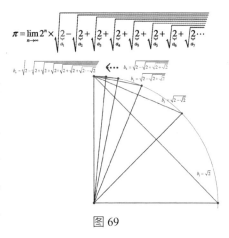

图 69

最后数学家证明出圆周率是无理数,不能表示为分数的形式。图 69 是其中一种的计算方法。

# 圆锥、球、圆柱的特殊关系

## 体积关系

阿基米德发现圆锥、球、圆柱放在同一平面，三者高度相同，所占底面积相同，此时会使得体积存在一个关系式——圆锥体积＋球体积＝圆柱体积。（见图70）

证明：

因为球与圆锥可以放入圆柱之中，所以球的直径是圆柱的高。

而球的半径就是圆柱与圆锥底面积的圆半径，标上长度单位。（见图71）

已知：

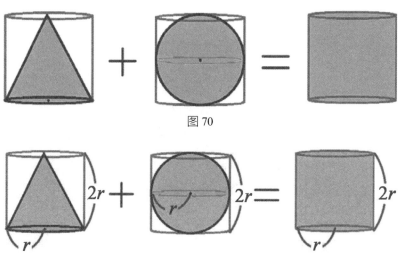

图 70

图 71

1. 圆锥体积 = 底面积 × 高 × $\dfrac{1}{3}$ = $\pi r^2 \times 2r \times \dfrac{1}{3}$ = $\dfrac{2}{3}\pi r^3$

2. 球体积 = $\dfrac{4}{3}\pi r^3$

3. 圆柱体积 = 底面积 × 高 = $\pi r^2 \times 2r$ = $2\pi r^3$

4. 圆锥体积 + 球体积 = $\dfrac{2}{3}\pi r^3 + \dfrac{4}{3}\pi r^3$ = $\dfrac{6}{3}\pi r^3$ = $2\pi r^3$

圆锥体积与球体积的和确与圆柱体积相等。

## 球的表面积与圆柱侧面积的特殊关系

阿基米德得到球的表面积为$4\pi r^2$的时候，获得了一个令人感到惊喜的发现——把一个球放入刚好吻合的圆柱之中，计算该圆柱的侧面积，其侧面积竟然与球的表面积相同。（见图72）

由图可知，长方形是圆柱的侧面积，为$4\pi r^2$；而球的表面积是$4\pi r^2$。两数值竟然相等，这是多么让人感到惊讶。阿基米德（见图73）就这样得到了二者的关系，在他去世后，雕刻者想将表达这一成果的图案刻在他的墓碑上（见图74），可惜怎么做都不标准。

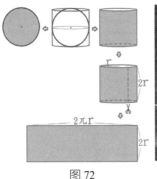

图 72

图 73

图 74

# 密度的前身：排水法

## 希腊的排水法

国王找了一个金匠打造黄金皇冠，又担心金匠会偷工减料，偷走部分黄金，加其他金属充数。因为形状已经改变，所以从体积与外观上看并不知道是不是有假，况且皇冠的重量和原料一样，更加无法判断他有没有偷工减料，但国王感觉不大对劲。所以国王找了阿基米德帮忙，以确定皇冠是否有假。

为了解决这个问题，阿基米德想了很多办法。有一天，他洗澡刚进浴缸时，发现因为水位上升，水流出了浴缸，突然灵光一闪，光着身体跑到了外面去，大喊："Eureka①！"（"我发现了！"）他到底发现了什么？他发现，流出浴缸的水的体积就是进入浴缸的物体的体积，而这在当时被称作排水法。

原本阿基米德只知道，皇冠切开的每一个部分，体积一样，重量就是一样。如果黄金皇冠不是纯金，而是被添加了其他金属，那么重量就会改变，在同等体积下，其他金属的重量与黄金的重量是不一样的。同样，在同等重量下，其他金属的体积与黄金的体积也是不一样的。所以阿基米德把皇冠放进水里面，记录水流出来的部分，这就是皇冠的体积，再把当初给金匠的同样重量的黄金放进水里得到黄金的体积，最后发现二者体积不一样——金匠果然偷了国

---

① 世界最著名的发明博览会——布鲁塞尔尤里卡世界发明博览会，就是以尤里卡（Eureka）来命名。

王的黄金，阿基米德成功地解决了国王的问题。

阿基米德利用的原理是"只要黄金体积保持一样，黄金重量就一样"，这就是密度的意义。黄金的密度，在皇冠的任何区块都是相等的。

但在那时并没有密度这个名词，只知道纯金属物质，重量与体积的比值固定。最后便有了如下定义：重量与体积的比值，称为密度。

阿基米德也因为排水法，总结出了浮力的理论。阿基米

图75

德（见图75）对于后世的贡献是巨大的，还留下了不朽名句："给我一个杠杆，我就可以撬动地球。"（"Give me a place to stand on and I will move the earth."）

## 中国的排水法

阿基米德用排水法检查皇冠，是测量密度的前身，而我国也有排水法——曹冲称象。曹冲是个很聪明的人，在他5岁多的时候，其父曹操收到孙权送的一只大象。面对这么大的动物，曹冲突然想知道：这么大的动物，到底有多重呢？但是大象太大，该怎么称重成了难题，于是问属下，然而得到一堆不好用的方法。有的说做一个超大的秤；有的说杀了切块分开称。在众说纷纭的时候，曹冲站出来了，他对父亲曹操说了一个办法——先把大象带到船上去，船吃水下沉，稳定后看船下沉到哪里，刻上痕迹做记号，再把大象带出来，然后往船上放石头，直到与吃水的痕迹吻合，再把石头拿去称重量，石头的重量就是大象的重量。

曹冲称象的原理（见图76）与阿基米德类似。不同点在于：阿

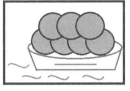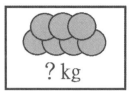

图76

基米德是算流出去的水的体积是否一样；曹冲利用的是吃水多深，也就是水被排开多少，水的体积未知，但只要水排开的体积一样，这两物的重量就是相等的。可惜的是中国人并没有因此得到密度的概念。

### 动物的排水法——乌鸦喝水的故事

乌鸦想喝花瓶里面的水，但是花瓶细长，水又不够高，怎么才能喝到水？

乌鸦把小石头一个一个放进去，让水位上升，最后喝到水。（见图77）这也是利用排水法。

图77

# 密度

密度$\rho=\dfrac{m}{V}$是用来描述物体在单位体积（$V$）的质量（$m$），密度就是质量与体积的比值，也引申为一个数量与一个范围的比值，如：人口密度。那么为什么要有密度的概念呢？对于一个东西的描述，我们很难清楚地去描述谁比较密集。如果体积限制是一样的，再去看重量，轻而易举可知哪个比较密集。如果体积不同，重量也不同，那要如何知道在同等体积的情形下是哪个比较重呢？这时候密度就很有用了。人口密度也是同样的道理，每一个方块面积一样大，点代表人数，比较密集与稀疏。（见表17）

我们讨论物品的密度也是一样：质量与体积的比值。不同的物品有不一样的密度，如果混合的话，密度就会改变。

**表17**

| 甲 乙 | 我们可以轻松地数出点的数量，甲有 4 个点，乙有 6 个点，乙比较密。 |
|---|---|
| 甲 乙 | 我们可以轻松地数出甲与乙都是 12 个点，但是甲分布在 3 格，乙分布在 2 格。<br>所以很明显感觉乙比甲密集，也就是乙的密度比较大。<br>甲的密度是 12 ÷ 3 ＝4，乙的密度是 12 ÷ 2 ＝6，的确是乙的密度比较大。 |
| 甲 乙 | 我们可以轻松地数出来甲有 15 点，乙有 12 点，但是甲分布在 3 格，乙分布在 2 格。<br>甲的密度是 15 ÷ 3 ＝5，乙的密度是 12 ÷ 2 ＝6，此种情况下却是乙密度大。 |

## 密度的违法利用

现在假黄金仿造技术日新月异，仿造技术的提升使得金市受到损失，因为仿造集团也知道要让黄金真实度提高。

  1. 除了外观必须可以取信，表面要有一定厚度的纯金，不能只镀薄薄一层，不然容易被简单测试出来，而被发现是假黄金。

  2. 假黄金中心的物质，也必须混合出同样密度的合金，（同样密度——合金的体积与重量与真金一样）。合金组合有七种其他金属：锇、铱、钌、铜、镍、铁、铑，占了全部的50%，其中的比例是仿制集团所掌握的高端技术，而这些金属替代品（合金）与黄金的差价，就是伪造的利润。

这是高科技的犯罪行为，以往的真金不怕火炼，然而在伪造技术中，仿造黄金的中心是假的，表皮有超过50%的真金，密度又在合理范围内，黄金变得更加难以判别，必须利用更精密的方法来判断真假，如：整块融化发现杂质，高温下切开观察截面等。所以人们在购买时需多加注意，要在正规渠道购买。

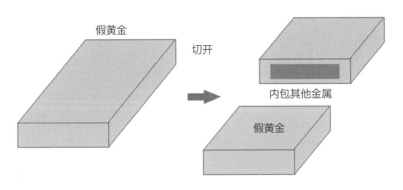

假黄金示意图，可以明确地观察色差

黄金在生活中除了用来象征财富地位，也广泛应用在电子工业上。因为黄金有高传导性、高抗氧化、抗环境侵蚀的特点，所以是优质材料。在电脑、通信设备、宇宙飞船、喷射机引擎等领域常用金属，所以黄金是很珍贵的。

第三章

# 中世纪

如果一个方程式，我不懂它的意义，那它不能教我任何东西。
但如果我已经知道此方程式的用途，那么它将会让我得到知识。

**圣奥古斯丁（Saint Augustine）**

（354—430）古罗马神学家、哲学家

# 古时印度、阿拉伯地区、罗马的数字

## 古时印度、阿拉伯地区的文明

在先前已知，古文明各自都有数字、不同的进位制，但因交通导致文化不流通，很多国家还是各自发展自己的数字。我们现在常用的阿拉伯数字为什么会长这样？从历史上来理解，印度人制作了一套方便的符号与计算方式——印度数字与10进位。随后阿拉伯人借经商之便，将这套方便使用的印度数字带到欧洲，再传到世界各地。所以阿拉伯数字并非阿拉伯人发明，而是印度人发明的。古代印度人发明这套数字有其意义：有几个角就表示数字几（见图1），观察原始写法就能了解。而阿拉伯人本身也有其自己发明的数字，真正的阿拉伯数字见表1。不同的是，阿拉伯人笔画书写习惯是由右向左。

## 古罗马文明

10进位的记数方法还有古罗马文明，它与中文字一、二、三有着相同的象形意义，或者说它与中文数字——算筹更为相似，但却不好计算，并且没有0。计算的时候，罗马人使用算板，而不是罗马数字。类似中国以前算数用算盘，或是用算筹来计算，而不是用数字去加减。

罗马数字的由来最早是打仗时用树枝来计算天数，以1根树枝代表1，2根树枝代表2，到了5用Ⅴ。罗马数字在许多地方也会用来象征

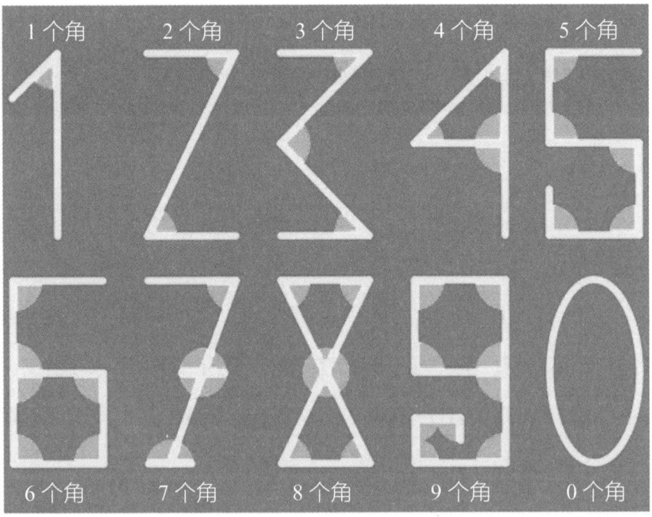

图1

表1

| 印度数字 | 0 | 1 | 2 | 3 | 4 | 5 | 6 | 7 | 8 | 9 | 10 |
|---|---|---|---|---|---|---|---|---|---|---|---|
| 阿拉伯数字 | · | ١ | ٢ | ٣ | ٤ | ٥ | ٦ | ٧ | ٨ | ٩ | ١٠ |

其特殊性，可以表示第一代、第二代，一世、二世等，但罗马数字虽然在加减法上使用方便，但在乘除法上相当麻烦。

## 罗马数字规则

1. 罗马数字的计算规则：1个罗马数字出现几次代表那个数字加几次，III=1+1+1=3。

2. 小的数在右边是加，6=VI，I是1，V是5，60=LX，X是10，L是50。小的数在左边是减，4=IV，40=XL，但左边减数字不能跨位数，就是说百位不能减去个位，99不能写成IC，要写90+9=XC + IX⇨XCIX，同样地，9不能写VIIII，要写10-1=IX。

3. 在罗马数字上方加一个横线或右下方写M，代表该数字

乘上1000倍，两条横线是1000倍再乘1000倍，$\overline{V}=5\times1000=5000$、

$X_M=10\times1000=10,000$、$\overline{\overline{V}}=5\times1000\times1000=5,000,000$。

4. 数码限制：同样的罗马数字最多只能出现3次，如40，不能表示为XXXX，而要表示为XL。但是比较特别的是：有的时钟刻度用IIII代表4，但不包括英国的大本钟。有可能是为了时钟数位都保持两个字的关系。罗马数字相当特别，只有1=I、5=V、10=X、50=L、100=C、500=D、1000=M，剩下都靠组合。举例：1：I、2：II、3：III、4：IV、5：V、6：VI、7：VII、8：VIII、9：IX、10：X、11：XI、12：XII、13：XIII、14：XIV、15：XV、40：XL、50：L、90：XC、101：CI。

怀表的 4 是 IIII, 而英国大本钟的 4 是 IV, 两者不一样。

# 中世纪的数学

古希腊在灭亡之后，西方世界的文明一度处于停顿状态，而数学发展也不例外。学者们辗转逃到了阿拉伯、印度等地方，此刻印度与阿拉伯有较多的数学成果，古希腊的几何学也带动了当地的文明，但我们要知道，古希腊对于数学并没有那么多深入的研究，主要还是阿拉伯人在研究数学。

阿拉伯数学家花剌子模（Khwarizmi）开创了代数学，他的著作《还原与对消计算概要》（公元820年前后）于12世纪被译成拉丁文，在欧洲产生了巨大影响。（见图2）伊斯兰教文化因宗教原因，建筑、绘画、装饰都不能出现人像，因而发展出了丰富的几何艺术。阿拉伯世界发展出的几何艺术，可说是近代数学艺术的始祖。（见图3）

古印度人在古巴比伦人的研究基础上，建立了10进位体系，并创了具有完整意义的"零"，此外，他们还开创了"负数"的概念。早在7世纪，印度为了处理负债问题，发明了0与负数，但到14世纪才传到欧

图2 花剌子模的著作《还原与对消计算概要》封面。阿拉伯语的"还原"是"Al-jabr"，即移项的意思，此词在14世纪演变成拉丁文"Algebra"，正是今天"代数"一词的英文。

洲，并且欧洲人很抗拒负数，认为一切不能用眼睛数出来的数字，都不是上帝发明的数，是非自然界存在的数字，既然不能看见，所以也

不能使用。在一开始传授负数的知识时，传授者甚至会被当作异教徒、渎神者而被抓去处死。连许多数学家也不能接受负数，连伟大的数学家欧拉也说："虽然我不知负数到底是什么，但在计算上可以符合数学式。"一直到17世纪，欧洲大多数学家抵制负数的情况才逐渐减缓。

印度与阿拉伯的代数研究内容与希腊的几何知识，启发了欧洲的文艺复兴。所以在中世纪的数学研究中，印度与阿拉伯地区具有承前启后的地位。

图3 建筑与几何艺术的结合

☑ 小博士解说

欧洲到很晚才接受0与负数的概念，但在公元前202年到公元220年的中国汉朝，就出现用红字表示正数、黑字表示负数的算筹，可见中国很早就接受了负数。

印度数学的乘法表是用小技巧来推算的，如：13×12=（13+2）×10+3×2=156，其实它用的是分配率：13×12=（10+3）×（10+2）=10×10+10×2+3×10+3×2=（10+3+2）×10+3×2，这让学生觉得数学很神奇，可以转几个弯来学习，引发兴趣，并练习分配率的几何概念。不过，我们仍然可以利用熟悉的乘法直式来直接计算，计算速度也不会太慢。

# 神奇的河内塔游戏与棋盘放米

### 河内塔与指数

河内塔游戏有三根杆子（见图4）。左边杆上有$n$个（$n>1$）盘子，盘子大小由上而下越来越大。游戏玩法是：1.每次只能移动一个圆盘；2.大盘不能叠在小盘上面；3.将左边杆上全部的盘子移到另一杆去，盘子大小由上而下越来越大。

有趣的问题是：最少用几步完成一次移动？答案是$2^n-1$次。

在印度有个传说叫作梵天寺木塔（Tower of Brahma puzzle），也就是河内塔游戏的预言：印度某间寺院有三根柱子，上穿64个金盘。僧侣照规则移动这些盘子，当成功完成此游戏的时候，世界就会灭亡。我们来计算一下，需要$2^{64}-1$步才能完成，若1秒移动1个盘子，最少需要5849亿年才能完成。

或许宇宙的寿命都没有这么长。

图4

河内塔游戏如何计算最少的步骤。以坐标形式来表达移动，x为底部。

有2个盘子：（12x,x,x）→将最小号码移动到中间（2x,1x,x）→改变最大号码的位置（x,1x,2x）→接着只要移动1就完成（x,x,12x），总共3步，如图：

有3个盘子：要先把1、2移到其他位置才能移动3，（123x,x,x）→（23x,1x,x）→（3x,1x,2x）→（3x,x,12x）→改变最大号码的位置（x,3x,12x）只要移动12就完成了，也就是2个盘子的移动→（1x,3x,2x）→（1x,23x,x）→（x,123x,x）完成，总共7步。

有4个盘子：要先把1、2、3移到其他位置才能移动4，也就是先移动上面三个盘子也就是7步，（1234x,x,x）$\xrightarrow{7步}$（4x,123x,x）$\xrightarrow{1步}$（x,123x,4x）$\xrightarrow{7步}$（x,x,1234x），总共15步。

我们可以发现：2个盘子要3步，3个盘子要7步，4个盘子要15步，看起来是 $n$ 个盘子要 $2^n-1$ 步。

以5个盘子来验证计算式的正确性，要先把1、2、3、4移到其他位置才能移动5。也就是先移动上面4个盘子也就是15步，（12345x,x,x）$\xrightarrow{15步}$（5x,1234x,x）$\xrightarrow{1步}$（x,1234x,5x）$\xrightarrow{15步}$（x,x,12345x），总共31步，符合 $2^5-1=31$ 步。

在简单的小游戏中藏着指数、推理等数学原理，所以数学就藏在我们生活之中。


## "棋盘放米"与指数

有一个智者，发明了西洋棋，国王因此非常高兴，决定赏赐他，赏赐是给他与棋盘上格子数量相同的黄金，但被婉拒了。智者说只要米。每天只要把指定数量的米放在格子上就好，但是，指定数量米的计算方式相当有趣。他在棋盘上，从第一格开始，第一格要1粒米，第二格要2粒，第3格要4粒，第4格要8粒……以此类推，每往下一格都是上一格乘以2。国王心想不过就是一个棋盘的米，不会有多少，但赏赐到棋盘上的第11格时，国王就发现不对劲。因为棋盘上第11格米的数量是1024粒，而棋盘上的总格数是64格。因此等到棋盘每格都放入规定的数量，这米的数量也多到不可思议，而这也让国王不得不佩服智者！

第四章

# 文艺复兴时期

我总是尽我的精力和才能来摆脱那种繁重而单调的计算。

**纳皮尔（John Napier）**

（1550—1617），苏格兰数学家、物理学家、天文学家

给我空间、时间对数，我可以创造一个宇宙。
自然这一巨著是用数学符号写成的。

**伽利略（Galileo Galilei）**

（1564—1642），意大利物理学家、数学家、天文学家、哲学家

# 小数点和千记号的由来

## 小数点"."

在公元前1800年的古埃及就开始使用分数，一直到公元1600年前后，荷兰的数学家斯蒂文（Simon Stevin）（见图1）在分数的基础上进一步推演出新的计算表达方式。当时荷兰与西班牙发生战争，有战争就需要钱，而经费不足就需要借钱，借钱就需要利息，但利息用分数去算相当麻烦。

图1 斯蒂文肖像

斯蒂文为了处理分数不好计算的情形，思考数字间的关系。他发现被除数多10倍，其商也是多10倍，所以如果计算到整数之后，补0后也继续计算，这样商就会出现一部分的整数与一段数字，这段数字原本是分数的部分。利用这段数字，斯蒂文就可以轻松地算出利息。

假如借100万元，利率$\frac{1}{13}$，所以利息用原本的方法是100万元 × $\frac{1}{13}$ ≈ 76,923元，但如果利用小数 $\frac{1}{13}$ ≈ 0.076,923，100万元 × $\frac{1}{13}$ ≈ 100万元 × 0.076,923=76,923元。

由此图可以了解：每增加一位数，商就增加一个数字，反之如果补0计算，就可以让商变成小数，再用小数与借款相乘，就可以方便计算出利息。

先将分数换成小数就可以方便计算。而斯蒂文为了让大家方便使用，在1586年写出了一本《利率表》。

不过当时的小数点概念与现在不大相同，而且各国的概念也都不一样。经过多年演变，才变成现在大家习惯的样子。看看当时与现在的差别，以5.678来举例：

荷兰数学家斯蒂文：5⓪6①7②8③，用圈起来的方式表示第几位，不方便。

苏格兰数学家纳皮尔（Napier）：5·678，用姓名的间隔号来当小数点，但是会与乘号混乱；法国、意大利、德国：5,678，用逗号来当小数点，不过现在使用会与千记号混乱；印度：5-678，但是会与现在的减号混乱；美国：5.678，用英文句点。

在20世纪，各国开始采纳美国用句点的方式表示小数点。


## 千记号 "，"

西方国家的数字，不像中文数字都有对应的汉字，如：12345是一万两千三百四十五。所以西方国家会在数字中加进一个符号，以免位数太大而难以看出数值。所以每隔三位数加进一个逗号 "，"，这就是千位分隔符，又称千记号，以便更加容易认出数值。同时也是由此而产生的新单位。

1,000 one thousand 一千

1,000,000 one million 一百万

1,000,000,000 one billion 十亿

可以发现西方是每隔3位数为一个单位，中国是每隔4位数为一个单位。如：1234567890，中文读作：十二亿三千四百五十六万七千八百九十。

熟知数学符号的发展历史后，是不是更明白数学都是因需要而产生的呢？

# 数学运算符号的由来

　　我们知道很多的数学运算符号，但现今运算符号的创造时间与实际上运算的概念顺序是不一样的。运算的顺序是：加（＋）、减（－）、乘（×）、除（÷）。现今符号创造依序分别是：减（－）、加（＋）、乘（×）、除（÷）。运算符号是经由不断地修正、各国交流整合才成为现在的模样。在一段时期人们曾用字母来代替，但总会与未知数搞混，以及我国用汉字来代替运算符号会造成计算不便。接着，我们来看现在运算符号的由来。

## 减号"－"加号"＋"的记号

　　加号、减号的发明众说纷纭。我们可以理解十字是竖线加横线，表示加起来的意思；十字拿走竖直线，表示减少的意思。

　　另一种说法是：船员使用桶中的水时，为表示当天取用的分量而以横线来标记，代表减少的水量。后来，减法便以"－"作为符号。船员重新加水，会在原来的"－"记号上加上一条竖线，所以加法便以"＋"作为符号。（见图2）

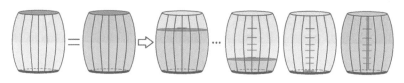

图2 水桶的记号与加减

## 乘号 "×" "·" "不写"

物体的下坡速度会变快，所以把加号斜着写表示相乘。德国数学家莱布尼茨（Leibniz）认为 "×" 容易与字母 "X" 混淆，主张用 "·" 表示相乘，至今人们一直将 "×" 与 "·" 并用。现在我们的乘号，有3种方式："×" "·" "不写"。

"×" 主要用在数字相乘，少用 "·" 是为了避免跟小数点搞混。"·" 主要用在符号相乘，少用 "×"，是为了避免跟X搞混。

由于乘号用 "·" 也有点麻烦，所以代数相乘时也就用 "不写"，但数字相乘不能不写，不然会以为是更大的位数。所以我们有时可以发现在电脑键数字盘上的乘号是 "*"，这也是避免与X搞混。（见图3）

## 除号 "÷" 和 "/"

"÷" 由17世纪的瑞士数学家雷恩创立。还有一种说法是分数是 "□/□"，除号必须代表分数的感觉，所以除号上方和下方的 "·" 分别代表分子和分母。

另一种说法则认为，除法以分数表示时，横线上下的 "·" 是用来与 "−" 区分的记号。莱布尼茨主张用 "："作除号，与当时流行的比号一致。现在有些国家的除号和比号都用 "："表示。而 "/" 对于印刷来说更

图3　数字键盘上的 "*" 号

方便，因为不用多做版，直接用表示日期的斜线体现除号的用法，也被普遍接受。同时也有人说，除法是连续减法的应用，所以除法符号也可以在减号的基础上斜放变成除。

## 等号"="

1557年英国学者雷科德（Recorde）开始使用"="，用两条平行等长的直线代表两数相等。

## 大于">"、小于"<"

1631年英国著名代数学家赫锐奥特开始使用大于号">"、小于号"<"，原理如同等号，两条交叉的线，越靠近交叉点，两条线间的距离越小。所以代表开口大的一侧的数大于开口小的一侧的数。

## 中括号"[　]"和大括号"{　}"

16世纪英国数学家魏治德开始使用中括弧与大括弧，为了区别小括弧的重复使用而混乱的情形。

数学运算符号的产生，一开始各国有各国的习惯符号，但最后为了方便交流，变成全世界通用的符号，也就意味着数学语言是全世界的共通语言。莱布尼茨知道数学语言是全世界的语言，所以想创造一个全世界通用的沟通方式，不过最终失败了。但他也开创了现在全世界逻辑学常用的符号及观念。

# 锥体是柱体体积的 $\frac{1}{3}$

锥体是柱体体积的 $\frac{1}{3}$？我们可以想象，把一个锥体横切薄片，切得非常薄，每一层的形状都像一个高度很小的柱体，比如：四角棱锥横切很多片后，每一片都像四棱柱，同时下一层的底面积会非常接近上一层的底面积，把每一层的底面积乘上微小的高度，计算后就能得到锥体每一层的体积，最后累加起来的结果就是（圆）柱体体积的 $\frac{1}{3}$。

以"四棱柱与四棱锥的关系"为例。已知二者边长成比例，面积成平方比。举例：边长1的正方形，面积1；边长2的正方形，面积4；边长3的正方形，面积9；边长 $n$ 的正方形，面积 $n^2$。同理，边长 $\frac{1}{n}$ 的正方形，面积为 $(\frac{1}{n})^2$。已知四棱柱三边长，长 = $a$、宽 = $b$、高 = $c$，体积 = 底面积 × 高 = $abc$，把四棱锥切成几片薄片，薄片高度 $\frac{c}{n}$，$n$ 是一个很大的数，代表切很多片（层）。当 $n$ 足够多时，每一片都可以被视为一个高为 $\frac{c}{n}$ 的长方体，根据相似三角形底边成比例的关系，以第2片为例，体积 = 底面积×高；

$$a \cdot \frac{n-1}{n} \times b \cdot \frac{n-1}{n} \times \frac{c}{n} = ab(\frac{n-1}{n})^2 \times (\frac{c}{n}),$$

从最下面一层开始计算体积：

第1片的体积： $ab \times (\frac{c}{n})$

第2片的体积： $ab(\frac{n-1}{n})^2 \times (\frac{c}{n})$ ，缩小了 $\frac{1}{n}$，面积变成底面积的 $(\frac{n-1}{n})^2$ 倍

第3片的体积： $ab(\frac{n-1}{n})^2 \times (\frac{c}{n})$ ，缩小同理

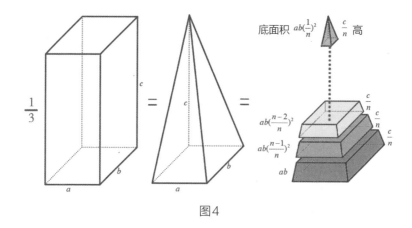

图4

第$n$片 $ab(\frac{1}{n})^2 \times (\frac{c}{n})$，缩小同理

全部加起来，就是四棱锥的体积。

$$ab \times (\frac{c}{n}) + ab(\frac{n-1}{n})^2 \times (\frac{c}{n}) + ab(\frac{n-2}{n})^2 \times (\frac{c}{n}) + \cdots + ab(\frac{1}{n})^2 \times (\frac{c}{n})$$

$$= \frac{abc}{n^3} \times [n^2 + (n-1)^2 + (n-2)^2 + \cdots + 1^2] \qquad 分配律$$

$$= \frac{abc}{n^3} \times \frac{n(n+1)(2n+1)}{6} \qquad 平方和公式$$

$$= \frac{abc}{3} \times \frac{n}{n} \times (\frac{n+1}{n}) \times (\frac{2n+1}{2n}) \qquad 展开化简$$

$$= \frac{abc}{3} \times 1 \times (1 + \frac{1}{n}) \times (1 + \frac{1}{2n}) \qquad 约分$$

当$n$越大，$\frac{1}{n}$与$\frac{1}{2n}$会越接近0，误差就越小，四棱锥体积就越准。所以四棱锥体积 $= \frac{abc}{3} \times 1 \times (1+0) \times (1+0) = \frac{abc}{3}$，跟四棱柱体积$abc$比较，刚好是$\frac{1}{3}$。因此，四角锥体积是四角柱的$\frac{1}{3}$。以此类推，将可以得出每一个棱柱体体积的$\frac{1}{3}$，就是棱锥的体积。圆柱与圆锥关系也是一样，有兴趣的人可以算算看。

历史上的证明方法是用物理实验，一个锥体的重量是对应柱体重量的$\frac{1}{3}$，或是说一个锥体的容器装满了水，向对应柱体内倒三次水就能将它装满。但是这个方法不够精准，因为我们现实中不论如何细心，都会存在误差，在后来被卡瓦列里（Cavalieri，1598—1647）用数学的方法证明之后，确定了锥体体积是柱体的$\frac{1}{3}$。

而非标准的锥体算法，也是底面积×高×$\frac{1}{3}$，当我们算完正锥体（空中的顶点在底面图形的中心正上方）体积后，同时也想算出不正的锥体（空中的顶点不在底面图形的中心正上方）体积是多少。所以用同样的方法，去找不正的锥体的体积，锥体体积由来是横切成一片片，将锥体侧面图的空中顶点向右拉，在每一片底都一样，高也一样，故体积一样。所以不管锥体是正锥体还是斜的锥体，每一层体积都一样。（见图5）

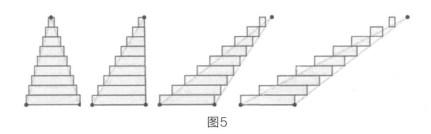

图5

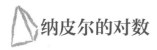

# 纳皮尔的对数

我们为什么需要对数？对数是为了增加数学计算的便利性。对数由纳皮尔创立，他于公元1550年在苏格兰爱丁堡出生。纳皮尔是长老教会的修道士，常听到有人计算很大的数字时算错的事，而那时计算机还没发明。1822年英国数学家巴贝奇（Charles Babbage）才发明第一台计算机。（见图6）那如何提高计算正确率呢？

因此纳皮尔寻找新的计算方法，他注意到指数相乘的数字关系，已知$A=10^x$，$B=10^y$，则$A \times B=10^x \times 10^y=10^{x+y}$，纳皮尔思考只要找出$A$对应的$x$、$B$对应的$y$，然后再找到$10^{x+y}$对应的值是多少，就可以由查表找出$A \times B=10^{x+y}$，而他帮我们做出了表格。（见表1）[①]

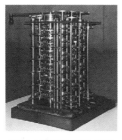

图6 巴贝奇的计算机

**表1**

| $x$ | 0.293 | 0.5387 | 0.7543 |
| --- | --- | --- | --- |
| $10^x$ 的近似值 | 1.963 | 3.4567 | 5.6789 |

例题1：比较纳皮尔的方法得到的值近似原本的值。

$$34567 \times 56789 = ?$$
$$= 3.4567 \times 10^4 \times 5.6789 \times 10^4$$
$$\approx 10^{0.5387} \times 10^4 \times 10^{0.7543} \times 10^4$$
$$= 10^{9.2930} = 10^{0.2930} \times 10^9$$

（由表1可知，$3.4567 \approx 10^{0.5387}$、$5.6789 \approx 10^{0.7543}$）

---

① 纳皮尔一开始不是用底数10，而是9.999999，而后人为了方便计算将底数改为10。

得到近似值，$1.963 \times 10^9$，与实际值比较$1.963025363 \times 10^9$相比，误差很小。

我们在例题1看到不断重复写底数10，为了计算方便，纳皮尔做出新的规则——对数与对数表，对数是找出指数是多少，如：2的几次方是8，可以知道答案是3。

指数的写法：$2^y = 8 \Rightarrow 2^y = 2^3 \Rightarrow y = 3$，而对数的写法为：$\log_2 8 = 3$。

所以指数与对数的关系如下， $\log_2 8 = 3 \Leftrightarrow 2^3 = 8$ ，用对数的规则，计算例题1。

设：$a = 34567 \times 56789$

$\log_{10} a = \log_{10}(34567 \times 56789)$

$\log_{10} a = \log_{10}(3.4567 \times 5.6789 \times 10^8)$

$\log_{10} a = \log_{10} 3.4567 + \log_{10} 5.6789 + \log_{10} 10^8$  乘法变加法 $\log_{10} xy = \log_{10} x + \log_{10} y$

$\log_{10} a \approx 0.5387 + 0.7543 + 8$  查表1得近似值，作加法

$\log_{10} a = 0.293 + 9$

$\log_{10} a = \log_{10} 1.963 + \log 10^9$  查表1换回来

$\log_{10} a = \log_{10} 1.963 \times 10^9$  $\log_{10} x + \log_{10} y = \log_{10} xy$

得到近似值， $a \approx 1.963 \times 10^9$

与实际值比较，误差很小。

结论：纳皮尔让大数字间的计算变成"很大的数字进行乘法或除法的近似值计算时，转变成查表，再运算加法或减法，继续查表就可以得近似值"。

图7 纳皮尔尺

纳皮尔还制作了纳皮尔尺（对数尺）（见图7），这是一种可调整刻度方便查表的工具。

对数的创造，使得科学家节省了许多时间，给大家带来了便利性。法国数学家、天文学家拉普拉斯曾说道："对数的发明，延长了数学家的生命。"

# 笛卡儿的平面坐标

公元1596年法国数学家笛卡儿（René Descartes）创立了平面坐标的架构，也称"笛卡儿坐标系"。他为什么会想出坐标系？据说当他躺在床上，观察一只苍蝇在天花板上移动时，突然想知道苍蝇在墙上的移动距离，思考后发现必须先知道苍蝇的移动路线（路径）。这正是建立他平面坐标系的诱因，但要如何描述此路线，他还经历了另一件事情，才找到方法。（见图8）

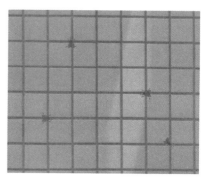

图8

在晚上休息之余，他看到满天的星星，这些星星如何表示位置，如果用以前的方法，拿出整张地图，再去找出那颗星星，相当费时费力，而且也不好说明。只能说在哪个东西的旁边。笛卡儿从军时，要将自己部队的位置汇报给上级，他拿着地图对比当时的地形，然后找指标物，最后汇报一个相对位置，这是很没有效率的，所以他开始思考如何好好描述位置。

有一天晚上笛卡儿正在思考这个问题，被查铺的排长拉去野外。在野外，排长说你整天在想着如何用数学解释自然与宇宙，我有一个好方法——排长从背后抽出两支弓箭，把它们摆成十字。一个箭头一端向右，另一个箭头向上，箭可以射向远方，高举过头顶。头上有了一个十字，延伸出去后天空被分成4份，每个星星都在其中一块。笛卡儿反驳，这个方法希腊人早就已经使用在了画图上，哪有什么稀奇的，况且就算在上面标刻度，那负数又应该摆放在哪里？排长就说了一个方法，把十字交叉处定为0，箭头的方向是正数，反过来是负数，不就可以用数字去显示全部位置了吗。笛卡儿顿时醒悟过来，大喊这是个好方法，想去拿那两支箭。

结果排长将弓箭丢到了河里，笛卡儿追出去，没想到溺水了，之后他被救醒。醒来之后的笛卡儿抓着排长问，刚说了什么，排长不理他，这时笛卡儿才发现原来是自己的一场梦。他起床后，便马上拿出笔把梦里面的东西写下来，平面坐标就此诞生了。

这样一来，平面坐标与方程式就结合在了一起，最后有了函数的观念，笛卡儿用坐标系将代数与几何结合起来。几何用代数来解释，而代数用几何的直观特点，更容易看出结果与想法。在坐标系中，图形被看成点的连续运动后的轨迹，最后点在平面上运动，就此让"坐标系"进入了数学。（见图8~11）

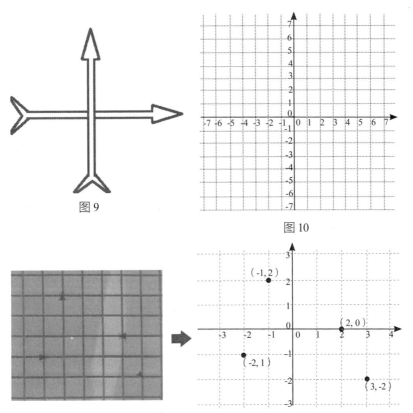

图9

图10

图11

# 太极图是极坐标作图

以往的作图方法是给（$x, y$）的坐标，在笛卡儿坐标系上画图。但我们在讨论角度的时候，有另一种作图方法，称作极坐标作图（$r, \theta$），给长度$r$与角度$\theta$。这种图案做出来的图形是一个绕原点的图案。以下是电脑程序利用极坐标作图的图形如图12。爱心的极坐标图：$r=1-\sin\theta$，又称心脏线。

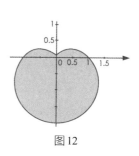

图12

这个图案又被称作"笛卡儿的情书"。相传，瑞典一个公主热衷于数学。笛卡儿教导她数学，后来他们喜欢上彼此。然而国王不允许此事，于是将笛卡儿放逐。他不断地写信给她，但都被拦截没收，一直到第13封信，信的内容只有短短的一行：$r=a(1-\sin\theta)$，国王看信后，发现不是情话，而是数学式，于是找来城里许多人来研究，但都没人知道是什么意思。国王就把信交给了公主。当公主收到信时，很高兴他还是在想念她，便立刻动手研究这行公式，没多久她就解了出来，是一个心形坐标图——$r=a(1-\sin\theta)$，意思为你给的$a$有多大，$r$就多大，画出来的爱心就多大，我对你的爱就多大。

看更多的极坐标图案，见表2。在中国，为人熟知的太极也是极坐标的概念（见图13），但现在流传的太极图可能是画错的。再来看看古时的雕刻作品（见图14），显而易见太极图不是半圆组成。

事实上太极是春夏秋冬白天与夜晚比例，以半径为分割线的黑白比例就是白天与夜晚的比例，只是到夏至、冬至画的部分故意对调，可形成点对称的特殊图形。（见图15）

**表2**

| 四叶草：$r = 1 + \sin(4\theta)$ | 星星：$r = 5 + 1.5\sin(5\theta)$ | 鹦鹉螺：$r = e^{0.17\theta}$ |
|---|---|---|
| 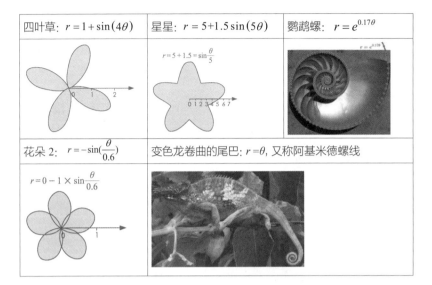 | | |

| 花朵2：$r = -\sin\left(\dfrac{\theta}{0.6}\right)$ | 变色龙卷曲的尾巴：$r = \theta$，又称阿基米德螺线 |
|---|---|
|  |  |

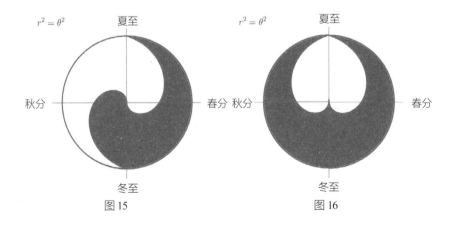

图13

图14

图15

图16

如果水平翻转180°，太极图就会是心形。（见图16）我们看到心形之后，虽然知道它是以半径为昼夜的比例，但看起来一年之中的黑夜比较多，所以才故意在夏至对调。

☑ **小博士解说**

太极图的白天与夜晚比例，不是24小时，而是会浮动。完整地说：假设夏至的白天是4:30～19:30=15小时，冬至的白天是6:30～17:30=11小时，原图指的白天与夜晚比例就是这4小时的比例变化。

# 认识地图：非洲比你想象的大很多

　　1569年，地理学家杰拉杜斯·麦卡托（Gerardus Mercator）发表了他绘制的世界地图（见图17）。他用到的方法，称麦卡托投影法，这是一种等角的圆柱形地图投影法。以此方式绘制的世界地图长202厘米、宽124厘米，经纬线于任何位置皆垂直相交，使"世界"在一个长方形图纸上，如图18。

　　此地图可显示任意两点间的正确方位，航海用途的海图、航路图大都以此方式绘制。在该投影中线型比例尺在图中任意一点周围都保持不变，从而可以保持大陆轮廓投影后的角度和形状不变（即等角）。但麦卡托投影会使面积产生变形，极点的比例甚至达到了无穷大，而靠近赤道的部分又被压缩得很严重。可以看图19理解原因。简单来说高纬度地区被放大，低纬度地区缩小。这在现实中不是差一

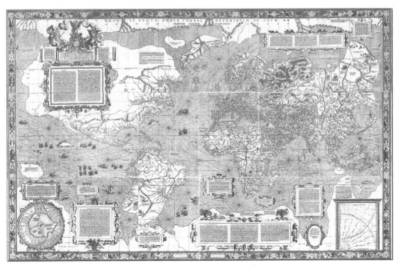

图17 麦卡托地图

点点，这样来看，非洲比我们想象的还要大，它占了世界将近30%的陆地。非洲面积比下述国家和区域面积的总和还要大：中国、北美洲、印度、欧洲、日本。（见图20）

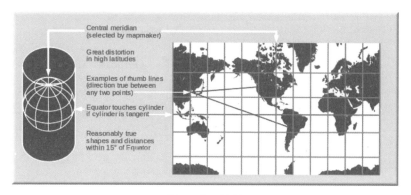

图18 变形的地图

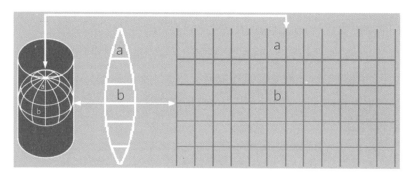

图19 a被放大，b被缩小

图20

✓ **小博士解说**

中世纪时，人们已有非矩形结构的地图，非洲与欧洲的部分比麦卡托的地图更加准确。（见图21）

图 21 中世纪欧洲的世界地图

# 画家、数学家分不清楚

有关于相似图形的应用，不仅仅是在天文上，还用在艺术创作上。我们要如何把看到的东西完美地呈现在画作上，就是要利用到相似形的概念。早期的画家大多都是数学家，所以才能将物体景象完美而写实地呈现在画作上，如：弗兰切斯卡（Pier Della Francesca）、丢勒（Durer）。而画家将此种方法称作透视原理，也就是投影几何。接着我们观察图22至图25，就可以知道数学与绘画息息相关。

图22 弗兰切斯卡（1415—1492）的画作《鞭挞》，显示使用投影技法表现空间感，他写下了数学与透视法的文章，精准的线条透视法是其作品的主要特色，作品背景刻画得十分细致。

图23 丢勒（1471 — 1528）的木刻作品描述透视示意图

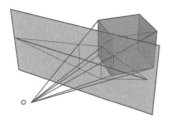

图24 几何示意图

图 25 佩鲁吉诺（Perugino）的画作充分运用透视原理，强化空间景深及层次感

有时我们在路边看到很立体的地板艺术画（见图26），其实这些都是相似形的应用，街头立体画只有在特定角度与距离才能看到立体形状，而其他位置都会看到不一样的比例变形。此艺术又称错觉艺术。

换句话说，将远方画到纸上，是相似图形缩小，且取截面到纸上。画立体图则是相似形放大，地板是截面。

图 26 以秦俑坑为背景的大型立体地画，出自中国香港历史博物馆

数学是美妙的杰作，宛如画家或诗人的创作一样，是思想的综合；如同颜色或词汇的综合一样，应当具有内在的和谐一致。对于数学概念来说，美是她的首要标准；世界上不存在丑陋的数学。

——英国数学家哈代

## ☑ 小博士解说

学好投影几何，可以在绘画上有更真实的表现。

利用投影几何的概念，可以将形状的比例做得更为真实，但仍然根据距离把颜色渐层做适当的调整。错觉艺术更是艺术家利用颜色渐层来模拟距离感的不同来欺骗人的双眼，或是利用特定角度的借位来造成视觉上的错觉，而这些都是投影几何的原理利用，在艺术家的世界，眼见未必为实。

第五章

# 启蒙时期

没有大胆的猜想，就做不出伟大的发现。

**艾萨克·牛顿（Isaac Newton）**

（1643 — 1727），英国物理学家、数学家、天文学家、哲学家

音乐是一种隐藏的算术练习，透过潜意识的心灵跟数字打交道。

**莱布尼茨（Gottfried Wilhelm Leibniz）**

（1646 — 1716），德国数学家、哲学家

# 曲线下与 $x$ 轴之间的面积——积分

什么是微积分？微积分由积分与微分组成。那什么是积分？回顾我们小学时计算不规则图案面积方法，看图案内有几个格子，有了数量后，看一格是几平方厘米，这样就可以知道总面积是多少，而很明显的是格子越大误差越大，格子越小就误差越小。由图1可看到每一个格子越小，误差越小。

将曲线放在平面坐标上，要计算面积，完整的说法是曲线下与 $x$ 轴之间的面积，只要计算曲线经过方块加上曲线内方块，就是面积。而这些方块的算法很简单，可以利用长方形的面积计算方法，曲线之中选范围内最高点，再将各个长方形面积加起来，如图2。只

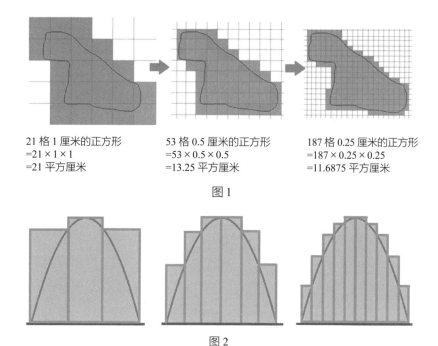

21 格 1 厘米的正方形
=21×1×1
=21 平方厘米

53 格 0.5 厘米的正方形
=53×0.5×0.5
=13.25 平方厘米

187 格 0.25 厘米的正方形
=187×0.25×0.25
=11.6875 平方厘米

图 1

图 2

是不可避免会发现面积多算了，见图3。那要如何避免误差或是降低误差呢？当越切越多，多算的部分就会变少，意味着误差也越来越小。因为曲线可以表示为函数，所以能让计算更加方便，获得更接近真实面积的答案。长方条的总面积比曲线下面积大，称为上和。

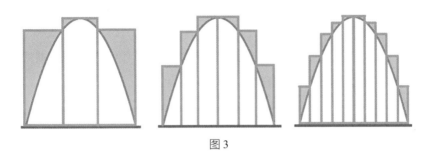

图3

　　同理，将图形切成很多长条，曲线之中选范围内的最低点，得到长方条的长度，再计算面积，见图4。图5为少算的部分，当切得越多，由图便可知少算的部分就会变少，意味着误差越来越小。因曲线表示为函数，所以能让计算更加方便，获得更接近真实面积的答案。长方条的总面积比曲线下面积小，称为下和。

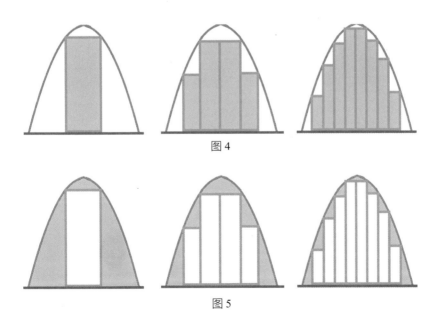

图4

图5

然而误差再小也是存在的，那要如何来解决？如同阿基米德的想法，我们有两种面积计算方式：

1.长方条的总面积比曲线下面积大，称为上和。

2.长方条的总面积比曲线下面积小，称为下和。

曲线下面积在上和、下和中间，如图6。如果切成很多条，则上和、下和非常接近，曲线下与$x$轴之间的面积就会接近某一个数字，这个数字正是我们要计算的面积。在微积分上，计算某范围的曲线下与$x$轴之间的面积，被称作积分。

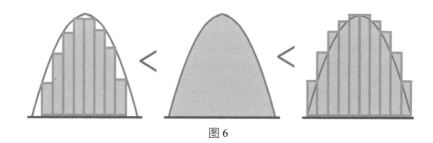

图6

# 曲线上该点斜率——微分

什么是微分？希腊时期，人们已经了解曲线上该点的斜率，就是放一根棍子在曲线上，只碰到一点，而棍子斜率就是该点斜率，图7示意就是切线。为什么要选切线，因为割线不能代表该点斜率，如图8~10。而切线可以代

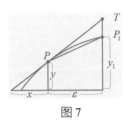

图7

表人站在那的倾斜度，也就是斜率，如图11。但曲线上该点切线斜率要怎么计算？计算B点在A点右侧的割线斜率，如图12。由图12中可知割线斜率，不管割线怎么移动，B点越靠近A点，割线斜率越接近0.5（看表1了解各位置的斜率），$\Delta x$：A与B的x坐标值相减。计算

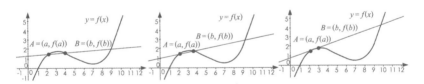

图8、9、10

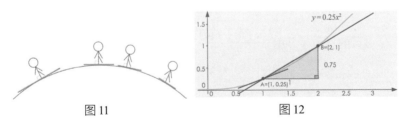

图11          图12

表1

| $B$ 点在 $A$ 点右侧的 $\Delta x$ 距离 | 割线斜率 |
| --- | --- |
| 0.1 | 0.525000000 |
| 0.001 | 0.500249999 |
| 0.00001 | 0.500002500 |
| 0.0000001 | 0.500000025 |

$B$点在$A$点右侧的割线斜率，可发现割线斜率不断地向0.5靠近，但比0.5大，记：0.5 + 微小的数。由图13中可知割线斜率，不管割线怎么移动，$B$点越靠近$A$点，割线斜率越接近0.5（看表2了解各位置的斜率）。计算$B$点在$A$点左侧的割线斜率，可以发现割线斜率不断向0.5靠近，但比0.5小，记：0.5 − 微小的数。

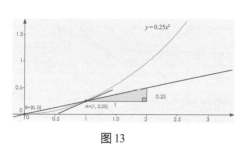

图13

表2

| $B$ 点在 $A$ 点左侧的 $\triangle x$ 距离 | 割线斜率 |
|---|---|
| 0.1 | 0.475,000,000 |
| 0.001 | 0.499,749,999 |
| 0.000,01 | 0.499,997,499 |
| 0.000,000,1 | 0.499,999,975 |

故$B$点在$A$点左侧的割线斜率 ≤$A$点切线斜率 ≤$B$点在$A$点右侧的割线斜率，即：

0.5 − 微小的数≤$A$点切线斜率≤0.5 + 微小的数。

所以，0.5以外的数字都是割线斜率，当$B$点非常接近$A$点时，$A$点切线斜率就只能是0.5。

法国数学家费马计算曲线上$A$点的斜率，要寻找非常靠近$A$点的$B$点，计算两点割线斜率的极限，该极限值就是$A$点切线斜率。记作：$A$点的斜率 = $\lim\limits_{h \to 0} \dfrac{f(a+h) - f(a)}{h}$，如图14。在微积分中计算曲线上某点的斜率值，称作对该点微分。

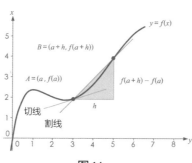

图14

# 微积分是什么意思?

在一个滑稽可笑又过度简化的情况下，微积分的发明有时被归功于两个人——牛顿与莱布尼茨。其实微积分是一个经过长时间演化过来的产物，它的创始与完成都不是出自牛顿与莱布尼茨之手，只不过两人在过程中都扮演了具有决定性的角色。

——美国统计学家贺伯特·罗宾斯（Herbert Robbins）

牛顿和莱布尼茨，他们不是微积分的发明者，他们的贡献是发现和证明，将"微分"和"积分"两个概念利用"微积分基本定理"串联。

法国数学家费马对"微分"和"积分"提供了一些答案。可惜的是，他并没有提出"微分"和"积分"之间的关联。因此，后来的数学家将微积分的发明归功于牛顿和莱布尼茨，因为他们清楚地用数学的语言证明了"微分"和"积分"的关系是：原函数积分后，再微分就变回原函数，此为微积分基本定理。自此之后，"微分"和"积分"不再是两门学问，合称为微积分。

微分与积分，两者间有什么关系？我们由费马的积分与微分内容可知 $x^p$ 的积分，如：$\int_0^x u^p \, du = \dfrac{x^{p+1}}{p+1}$ 及 $\int_a^x u^p \, du = \dfrac{x^{p+1}}{p+1} - \dfrac{a^{p+1}}{p+1}$，以及 $x^p$ 的微分，如：$(x^p)' = px^{p-1}$，而积分与微分似乎有关系，

$$x^p \xrightarrow{\text{积分}} \frac{1}{p+1}x^{p+1} \xrightarrow{\text{微分}} x^p。$$

参考以下例题。

例题1：从0到$x$的积分，$x^2 \xrightarrow{\text{积分}} \dfrac{1}{3}x^3 \xrightarrow{\text{微分}} x^2$

例题2：从1到x的积分， $x^2 \xrightarrow{\text{积分}} \frac{1}{3}x^3 - \frac{1}{3} \times 1^3 \xrightarrow{\text{微分}} x^2$

例题3：从a到x的积分， $x^2 \xrightarrow{\text{积分}} \frac{1}{3}x^3 - \frac{1}{3}a^3 \xrightarrow{\text{微分}} x^2$

可发现导函数 $x^2$ 的原函数不止一个，是 $\frac{1}{3}x^3$ 加上一个常数。故积分后函数以 $\frac{1}{3}x^3 + c$ 来描述才正确，$c$ 值随起点 $a$ 改变。同时导函数是 $x^2$，其原函数是 $\frac{1}{3}x^3 + c$，此函数就定义为反导函数。也就是

$$\underbrace{\frac{1}{3}x^3 + c}_{\text{反导函数}} \xrightarrow{\text{微分}} \underset{\text{导函数}}{x^2}。$$

阶段性结论：研究费马的微分与积分结果，可以发现 $f(x) = x^2$ 的微分与积分具有互逆现象，记作：$F'(x) = f(x)$。并建造了微分与积分关系模型，从 $a$ 到 $x$ 积分得到的反导函数，需要加上常数 $c$。事实上 $f(x) = x^p$ 的函数都具有此性质。甚至其他函数，也具有这样的性质。此性质称作微积分基本定理。

> 微积分基本定理：微分与积分互为逆运算性质，$f(x) \underset{\text{微分}}{\overset{\text{积分}}{\rightleftarrows}} F(x)$。
>
> 若 $F(x) = \int_a^x f(u) \, du$，则 $F'(x) = f(x)$。

而这个性质的原理是什么？


## 微积分基本定理的图解说明

由以下的计算过程可以知道微积分基本定理的正确性。已知 $F(x) = \int_a^x f(u) \, du$，是计算 $a$ 到 $x$ 曲线下之间的面积。对 $F(x)$ 微分，$F'(x) = \lim\limits_{h \to 0} \dfrac{F(x+h) - F(x)}{h}$，我们观察图15。

左图：$F(x) = \int_a^x f(u) \, du$ （看有色部分）

右图：$F(x+h) = \int_a^{x+h} f(t)dt$ （看有色部分）

所以 $F(x+h) - F(x)$ 的图案为长条的面积，见图 16。

求微分是 $F'(x) = \lim\limits_{h \to 0} \dfrac{F(x+h) - F(x)}{h}$，也就是长条面积除以 $h$，答案是多少？

长条面积应该在下图两个长方形之间，见图 17。

在图 17 中，各长条面积由左到右是：

$f(x) \times h$ 、 $F(x+h) - F(x)$ 、 $f(x+h) \times h$ 。

大小关系式为 $f(x) \times h \leq F(x+h) - F(x) \leq f(x+h) \times h$ 。

而我们要求的是 $F'(x) = \lim\limits_{h \to 0} \dfrac{F(x+h) - F(x)}{h}$

将上述关系式同除以 $h$，得到 $f(x) \leq \dfrac{F(x+h) - F(x)}{h} \leq f(x+h)$

当 $h$ 趋近 0，可以得到 $f(x) \leq F'(x) \leq f(x)$ ，

因夹逼定理，所以 $F'(x) = f(x)$ 。

结论：只要能积分的函数，再微分，都能变成原函数。

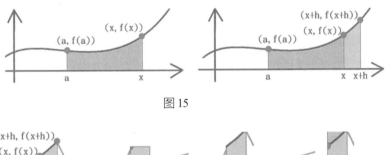

图 15

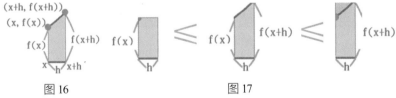

图 16                    图 17

# 第二个重要的无理数：欧拉数*e*

在数学史中，整数是数字最根本的构成，或可称为最根本的元素，其他都是由人类所赋予意义，如：0、负数，延伸出分数、指数、根号、对数、虚数等。在希腊时代，人们就已经发现一个不是人所制造的数——圆周率*π*，它是一个被计算出来的近似值，而且它还是一个无理数，在圆形中必然存在的一个神奇的数字。而欧拉数*e*则是另一个被人们发现的非常神奇的无理数。

何谓欧拉数？第一次把此数看为常数的人，是瑞士数学家雅各布·伯努利（Jacob Bernoulli）："尝试去计算一个有趣的银行复利问题，当银行年利率固定时，把期数增加，而每期利率相对地就变少，如果期数变到无限大的时候，会产生怎样的结果？"见表3，假设：本金＝*a*，本利和＝*S*，年利率1.2%，而复利公式为：

表3

| 期数／多久复利一次 | 本利和 | 是原来的几倍 |
|---|---|---|
| 1／一年一期 | $S = a(1+\frac{1.2\%}{1})^1$ | 1.012 |
| 2／半年一期 | $S = a(1+\frac{1.2\%}{2})^2$ | 1.012,036 |
| 4／一季一期 | $S = a(1+\frac{1.2\%}{4})^4$ | 1.012,054 |
| 12／一月一期 | $S = a(1+\frac{1.2\%}{12})^{12}$ | 1.012,066 |
| 365／一天一期 | $S = a(1+\frac{1.2\%}{365})^{365}$ | 1.012,072 |
| 无限多期<br>极微小的时间 | $S = \lim_{n\to\infty} a(1+\frac{1.2\%}{n})^n$ | 1.012,078 |

本利和 = 本金（1 + 利率）$^{期数}$，期数与利率关系：利率 = $\dfrac{年利率}{期数}$

可以发现在年利率1.2%的情况下，期数在非常大的时候的存款都只会接近原本1.012,078倍，也就是存100万元，本利和是1,012,078元。雅各布发现复利的特殊性，当年利率固定时，分的期数再多，最后都会逼近同一个数值，见表4。

雅各布思考"年利率"与"无限多期的本利和"两者间的关系，发现到 $\lim\limits_{n\to\infty}(1+\dfrac{1}{n})^n$ 的结果是 $\lim\limits_{n\to\infty}(1+\dfrac{1}{n})^n = \dfrac{1}{0!}+\dfrac{1}{1!}+\dfrac{1}{2!}+\cdots\cdots = 2.718,284,590,452,353,6$，见图18。

表4

| 年利率 | 本利和 |
|---|---|
| 10% | $S = \lim\limits_{n\to\infty} a(1+\dfrac{10\%}{n})^n \approx 1.105,15$ |
| 20% | $S = \lim\limits_{n\to\infty} a(1+\dfrac{20\%}{n})^n \approx 1.221,37$ |
| 30% | $S = \lim\limits_{n\to\infty} a(1+\dfrac{30\%}{n})^n \approx 1.349,81$ |
| 40% | $S = \lim\limits_{n\to\infty} a(1+\dfrac{40\%}{n})^n \approx 1.491,76$ |
| 50% | $S = \lim\limits_{n\to\infty} a(1+\dfrac{50\%}{n})^n \approx 1.648,63$ |
| 100% | $S = \lim\limits_{n\to\infty} a(1+\dfrac{100\%}{n})^n \approx 2.718$ |

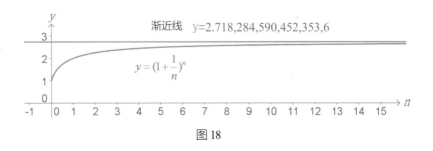

图18

这特别的数字称呼为欧拉数（Euler number），也是我们常说的自然常数，符号是$e$，以瑞士数学家欧拉之名命名，以肯定他在对数上的贡献；或称纳皮尔常数，纪念苏格兰数学家纳皮尔引进对数。

**欧拉数 $e$ 的性质：** $e = \lim_{n \to \infty}(1+\frac{1}{n})^n = \frac{1}{0!} + \frac{1}{1!} + \frac{1}{2!} + \cdots = 2.718,284,590,452,353,6\cdots$

欧拉数的重要性：

没有欧拉数，我们就无法计算指数与对数的微分，微积分进步的脚步将会延后。

### 小博士解说

$e^x$ 可象征爱情："数学系学生用'$e^x$'来比喻至死不渝，坚定不移的爱情。"因为：微分是斜率变化，不管微分（变化）多少次，结果永远不变，都是$e^x$。

$e^x$ 的笑话：在精神病院里，每个患者都学过微积分。有个患者整天对人说"我微分你，我微分你"，其他人以为自己是多项式函数，会被微分多次后变零，最后消失，所以都躲着他。有一天来了新的患者，他不怕被微分，天天想着微分别人的那个人很意外，问他说你为什么不怕，新来的说："我是$e^x$，我不怕你微分。"

因为数学上已经证明$y=e^x$是唯一微分后不变的函数形式。

# 圆锥曲线（二）

### 抛物线Ⅱ

抛物线，顾名思义它是抛出物体的行进路线。希腊时期的圆锥曲线（Parabola）并没有与抛物线联系到一起。那抛物线的图形是什么？一段圆弧吗？感觉又不像，好像是椭圆的曲线，可是又不确定。那么抛物线到底是怎样的图形呢？（见图19）

亚里士多德对抛物线的看法：抛出的物体路线，如图20。

第一阶段：认为是直线，45度斜向上。

第二阶段：认为是向上到了顶点，以四分之一圆弧角度向下掉落。

第三阶段：认为物体是受原本性质影响，开始垂直往下掉落。

亚里士多德认为物体受原本性质影响，比如石头会往下掉，因为它从土里面产生，是有重量的东西，所以丢出去会回到地面，而不是一直飞出去。并且他认为重的物体掉落得比轻的物体快，回到地面的时间更短；空气或是火焰则是轻飘飘的物质，喜欢往上飘。

图19 炮弹的轨迹路线　　　　　　　　图20

但到了伽利略的时代，伽利略对掉落的看法就改变了，认为抛物线不是亚里士多德所叙述的样子。伽利略认为抛物线可拆成两个部分：1.水平的移动；2.向下的加速移动，也就是自由落体运动。并且他提出重化物体与轻的物体掉落的时间一样。最后经实验证明，伽利略是第一个准确提出物体运动规律的人。

　　伽利略的实验：伽利略用物理方式来测量，做一个斜面仪器，上面不同的位置放铃铛，球经过铃铛后发出声音，记录声音的时间有没有因球的重量改变而不同。铃铛的位置经过调整后，任何重量的球滚动每一段距离，都是相隔 1 秒，如图 21。

　　实验结果：重量不同的球没有导致落地时间不同，但距离与时间平方成正比。经过很多人的计算，公式模型如下：$y = 4.9t^2$。

　　伽利略认为抛物线由水平与垂直组成，垂直部分已确定移动方式是：$y = 4.9t^2$；不确定水平运动会不会影响时间，所以也做了水平的实验。在同一高度测试 4 种情况的掉落时间，如图 22。

　　1. 无水平力量

　　2. 轻推

　　3. 略用力推

　　4. 用力推

　　发现用不用力，落地时间都一样，所以水平运动不影响掉落时间。水平的力量只影响水平距离。

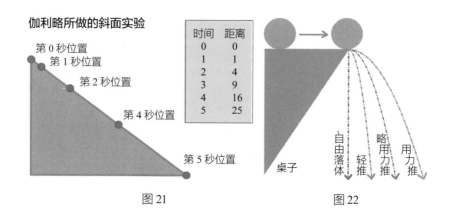

**伽利略所做的斜面实验**

| 时间 | 距离 |
| --- | --- |
| 0 | 0 |
| 1 | 1 |
| 2 | 4 |
| 3 | 9 |
| 4 | 16 |
| 5 | 25 |

第 0 秒位置
第 1 秒位置
第 2 秒位置
第 4 秒位置
第 5 秒位置

自由落体　轻推　略用力推　用力推

桌子

图 21　　　　　　图 22

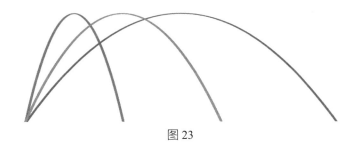

图 23

伽利略接下来观察，向上的抛物线痕迹并不是亚里士多德所说是直线、画 $\frac{1}{4}$ 圆弧、再直线地掉落。而是一个很平滑的没有转折角的曲线路线，图案与一元二次方程式一样，如图23。

## 结论

伽利略认为物体的运动：

1.物体的移动需要水平速度、重力加速度，不需要其他的影响。

2.水平速度是固定的数字，水平距离就是水平速度乘以时间。

3.垂直方向受重力加速度影响，垂直距离与时间平方成正比：$y = 4.9t^2$。

抛物线的现代应用：

曾经有名的一款游戏叫"愤怒的小鸟"，就是利用抛物线原理来玩游戏。还有多项球类运动，都有抛物线的影子，同时战场上坦克车也要精准计算出抛物线的落点位置，才能打中敌人。

## 椭圆I

认识抛物线后，我们再来认识椭圆形的艺术建筑——圣彼得广场（St. Peter's Square）。圣彼得广场位于梵蒂冈，紧连着圣彼得大教堂（St. Peter's Basilica），是教廷标志性的建筑，同时圣彼得广场是一个完美的椭圆形，由意大利艺术大师贝尔尼尼设计并监督建设。广场的建设用了11年时间（1656—1667），隐藏着许多的故事。

为什么贝尔尼尼（Bellini）要用椭圆形？教廷原本认为所有的星体都绕地球转（地心论）。但哥白尼（Copernicus）不这么认为，他认为是地球与其他星体绕太阳转才对；经过许多数学家，如伽利略、开普勒（Kepler）等计算推测出的确是地球绕太阳转，并且轨迹是椭圆形，甚至作出了公式。

随后这又启发牛顿作出三大定律，所以椭圆形是一个具有特殊意义的图案，贝尔尼尼可能是因为椭圆形的特殊性，故将广场设计成椭圆形。但对外说法是——广场连同圣彼得大教堂是一体的，就像神的怀抱一般，如图24~27。

广场内部的特殊用意：广场中间的方尖碑本是埃及的日晷，被摆在椭圆中心，并画上圆形，可以依据影子的角度位置来推论现在的时间，如图28。同时广场开口的角度也是经过精心设计，它是根据当地的夏至、冬至日出角度变化来设计开口角度，而喷水池是在

图24

图25

图26

图27

图 28

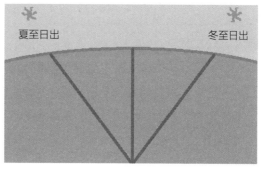

图 29

两焦点上，如图29。

空中俯瞰图：椭圆形焦点具有声波放大效果，该处设置喷水池会使喷水声听起来更为洪亮，真是独具匠心。最令人意外的是椭圆这个形状，在当时没有坐标的观念，也就没有解析几何的作法，要作出椭圆是不容易的，而在广场上能够体现出如此完美的椭圆形，实在令人惊艳。贝尔尼尼参考设计巨擘（Serlio）的画法，来完成想要的图形，当然我们可以看到这图案只是接近椭圆，但这已经够了，如图31、32，而这些图案的画法称作卵圆形（oval），因为在那时"椭圆"这一词，还不被大众理解和接受。

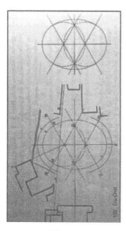

图 31

图 32

我们常见的操场，是两个半圆形加长方形，并不是标准的椭圆形。我们的橄榄球、饼干盒盖等是常用的椭圆形形状。在运动器具的研究与推进中，人类希望这些生活中的必需品要更符合人体工程学，现在的健身器材——飞轮，不再是以往的圆形轨道，而是椭圆形轨道，因此也被称为飞轮椭圆机，所以椭圆形在我们的生活中是非常重要的。

## 椭圆 II

我们来认识更多的椭圆形的艺术建筑——美国白宫会议厅，如图33。椭圆形各长度：长轴10.9m；短轴8.8m。虽因照片拍摄角度问题不能俯瞰全景，但仍能看出建筑外形是椭圆形。美国总统在焦点上可清楚地听到其他人的声音。特别的是，白宫有相当多的椭圆形设计，所以很多人叫它蛋形（卵圆形）会议厅（Oval office），但不是椭圆形会议厅（Ellipse office）。难道鸡蛋是椭圆形的吗（见图34）？

那鸡蛋应该归类到什么形状？蛋的形状被称为卵圆形。我们用黄金比例三角形（内角分别为36、72、72度）的三顶点为焦点，此等腰三角形底的一半为短轴，作三椭圆联集几乎与鸡蛋形状吻合，如图35。这是相当有趣的发现。

图33　　　　　　　　　　图34

较尖

较平

≠

椭圆

两头一样尖

图 35

实际上我们观察更多生物的蛋（见图36~39），就可以发现更多的奥妙。有些卵看起来是椭圆形，有些是圆形，有些则为鸡蛋般一头大一头小。于是我们思考产地与蛋形的关系，鱼卵大多为圆形，猜测是因为水压使鱼卵均衡受力，所以呈现圆形。而鸡蛋可能是出来时受到地面影响，导致先出来的地方变大，所以一头大一头小。鸵鸟蛋是在沙地地区，鳄鱼蛋在沼泽泥地，在这些地方一般不会受地面压迫变成一头大一头小。

图 36 鹌鹑蛋

图 37 鸵鸟蛋

图 38 鳄鱼蛋

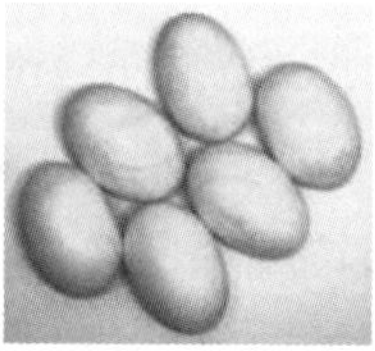

图 39 鲑鱼卵（左）、
鲟鱼卵（右）

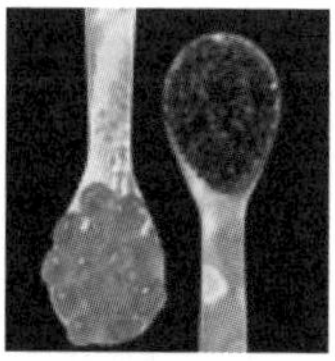

## 椭圆在生活中的应用

### 声波的应用

很多音乐厅会将演奏的位置摆在其中一焦点上，声波经反弹后会传到另外一个焦点，这是人耳可以听得最清楚的一点。也许世界上也会有像这样奇特的椭圆形洞，两人都在焦点位置面对山壁，一人轻声说话，另一人也能听得很清楚。

### 医疗

体外震波碎石，它的原理类似声波扩散，在一个椭圆半碗的机器中，在焦点的位置振动，经反弹后，冲击波会聚焦到体内另外一个焦点，而借由移动让结石处于焦点位置被打碎。

镭射光也可以打碎我们体内的结石，但路线太密集，会导致路线上的细胞组织坏死，所以用椭圆半碗的机器将路线通过身体时的截面积变大，且各个波的前进路线不同，不会给身体带来太大负担。

### 天文

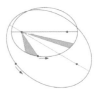

开普勒发现太阳系行星的运行轨道是椭圆形，而不是之前说的圆形，也不是绕着地球转，而是绕着太阳转（见图40）。

图 40

### ☑ 小博士解说

在中世纪的欧洲，人们认为地是平的，世界是以地球为中心的（见图41），直到哥白尼提出世界其实是绕太阳转的。哥白尼认为上帝不会用那么复杂的方式创造世界，以太阳为中心就可以简化各行星的轨道方程式（见图42）。而后，伽利略观测星象与计算，证实"日心说"，并经计算后发现了海王星，而且海王星是唯一一颗先计算出出现时间再观察到的行星。这些数学家、天文学家的贡献，使得大众接受了新的世界观。

图 41 古希腊托勒密的"地心说"示意图

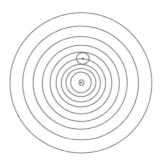

图 42 哥白尼的"日心说"示意图

## 双曲线

本节我们来认识更多的圆锥曲线：双曲线。

双曲线可以用来制作透镜。1608年，荷兰某眼镜店的利伯希（Hans Lippershey）为检查透镜质量，拿了两块透镜做比较，无意间发现在两块透镜中的远方景象被明显拉近了，就此发现了两块透镜的秘密。同年，他替自己发明的望远镜申请专利，并造了一架双筒望远镜。

另一说法是他的孩子与别人玩耍时，发现一块镜片能把眼前的东西变得很大，于是利伯希开始思考两块镜片是不是可以将进入其视野里的东西变得更大，于是他把几块镜片重叠、调整两镜片距离，然后进行实验。果然，他发现看近处的图案模糊起来，但是看向远方却非常清楚，很远的景象被放大到眼前。不久后他便发明了望远镜。

伽利略得知了此方法后，也自制了一架望远镜。他用自制的望远镜（参考图43）观察夜空，首次发现了月球表面高低不平、覆盖着山脉并有火山口的裂痕。此后他又发现了木星的4个卫星、太阳的黑子运动，并得出了太阳在转动的结论。他提出太阳中心论，地球绕太阳转，但还是被当作是宗教异端，科技进步的历史又被延迟了。

同时，德国天文学家开普勒研究望远镜（见图44）。他请沙伊纳（Shanhine）做了8台望远镜观察太阳，无论哪一台都能看到相同形

图43

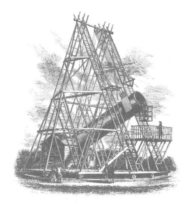

图44

状的太阳黑子，因此否定了"黑子可能是透镜上的尘埃"的结论，且证明了黑子确实是可以观察到的真实存在。在观察太阳时，沙伊纳装上特殊遮光玻璃，伽利略则没有加此保护装置，结果伤了眼睛。除此之外，生活中还有很多的双曲线应用（见图45~48）。

图45 中国台湾的德基水库是一座由混凝土为材料所构成的双曲线薄型拱坝。

图46 英国剑桥郡的冷却塔，发电厂的冷却塔结构都是单叶双曲面形状。它采用直的钢梁建造。这样既可减少风的阻力，又可以用最少的材料来维持结构的完整。

图47、48 中国台湾东海大学的路思义教堂。路思义教堂由贝聿铭、陈其宽共同设计。西方的教堂到了现代逐渐被简化为三角形。由于中国台湾多地震，最后决定采用双曲面的薄壳建筑结构，可有效对抗台风与地震。

☑ 小博士解说

　　双曲线，顾名思义是两条曲线，但其实两条曲线的方程式很多，用双曲线来特指截上下圆锥的截面曲线似乎不够明确。如同抛物线是截上或下圆锥的某一部分的截面曲线一样，与抛出物体路线的名称相同。在不同情况下却有一样的名称，这是容易混乱的，但抛物线经验证之后的确吻合，所以使用上没问题。但双曲线的直观感觉太广，或许称为截上下圆锥的曲线更直观。

## 圆锥曲线

我们已经知道了圆锥曲线的艺术与应用，接下来认识如何在平面上制作不同的圆锥曲线。

圆：利用圆规，取一个半径再画一圈。圆方程式：$x^2 + y^2 = r^2$，$r$ 为半径。

抛物线：根据定义，抛物线可找到一条准线，并且有一个焦点，抛物线的曲线每一点到准线的距离与到焦点的距离相同，如图 49。抛物线方程式：$y^2 = 2px$。

椭圆：根据定义椭圆有两个焦点，椭圆的曲线每一点到两焦点的距离和相同，如图 50。椭圆方程式：$\dfrac{x^2}{a^2} + \dfrac{y^2}{b^2} = 1$。

双曲线：根据定义，双曲线有两个焦点，双曲线的曲线上每一点到两焦点的距离差相同，如图 51。双曲线方程式：$\dfrac{x^2}{a^2} - \dfrac{y^2}{b^2} = 1$。

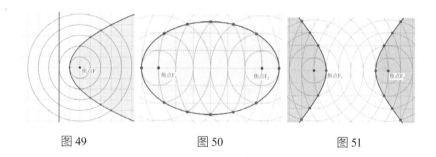

图 49          图 50          图 51

# 特殊的曲线

## 悬链线

两端固定的绳子的自然垂放曲线在伽利略时期（1564—1642）原本被认为是抛物线，但经研究后发现不能吻合于抛物线，他提出此种曲线接近抛物线，但不是抛物线，它是一种新的曲线，被称作悬链线（Catenary）。

"悬链线不是抛物线"由约阿海姆（Jungius，1587—1657）证明，但其结果在1669年才出版。而悬链线被许多数学家研究，但一直没有正确的答案，连伟大的笛卡儿都没有给出适当的方程式来描述悬链线。

1671年，胡克（Hooke）发现很多古老的拱门，它们的形状接近悬链线。于是思考拱门为什么要这样设计？首先拱门的设计是一代代人试错后慢慢摸索出的曲线，虽然没有达到完美，但拱门必定是符合数学与力学的方程式，那如果拱门的设计会接近悬链线，那也代表悬链线方程式与力学有关。

1691年，莱布尼茨、惠更斯（Huygens）、约翰·伯努利接受雅各布·伯努利的挑战，去计算悬链线方程式，这个时代的人有更多的数学工具和方法了，如：欧拉数、平面坐标，最后在戴维·格雷戈里于1697年才发表悬链线的论文，数学史上才得到悬链线方程式为：$y = \dfrac{e^x + e^{-x}}{2}$。

悬链线被用在建筑工程中，使之不会产生弯曲力矩，这样建筑可以更耐用。所以数学与我们的生活息息相关，接着来看生活中的悬链线图案，如图53~58。

图 53 项链

图 54 帐篷布从顶端到四根柱子的自然下垂图案，是悬链线的一半

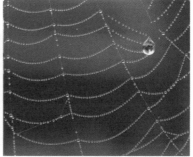

图 55、56 链条与蜘蛛网，都是常见的悬链线

图 57 美国圣路易斯拱门（Gateway Arch），以反过来的悬链线来设计

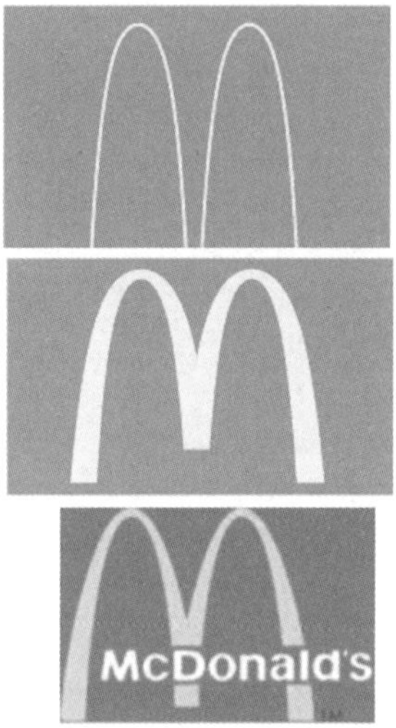

$$y = -\frac{e^x + e^{-x}}{2}$$

$$y = -\frac{e^{x-8.3} + e^{-(x-8.3)}}{2}$$

$$y = -\frac{e^{0.67x} + e^{-0.67x}}{2} + 0.45$$

$$y = -\frac{e^{0.67(x-8.3)} + e^{-0.67(x-8.3)}}{2} + 0.45$$

图 58 我们熟悉的麦当劳标志,也长得很像悬链线的组合

### ☑ 小博士解说

欧拉数也在悬链线的方程式中出现,所以欧拉数在人类的发展史上有举足轻重的地位。

## 等时降线与最速降线

### 等时降线

一般人会认为物体在一条曲线上向下滑落的过程,起点位置越高,下落的时间就越久,但在自然世界并不是如此。越倾斜的地方加速度会越大,但有一条神奇的曲线,在曲线上任意高度的

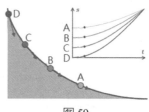

图 59

质点,其受重力自由下滑(不计阻力)到最低点所需的时间皆相等,此线称为等时降线(tautochrone curve),如图59。

此线最早是惠更斯在研究旋转线某点的特性时发现的，如图60。惠更斯在1673年利用几何证明等时降线为摆线。这种曲线在生活中很多地方都不断地发生，如老鹰的抓猎物的降落曲线、屋檐的曲线设计、齿轮的曲线等。

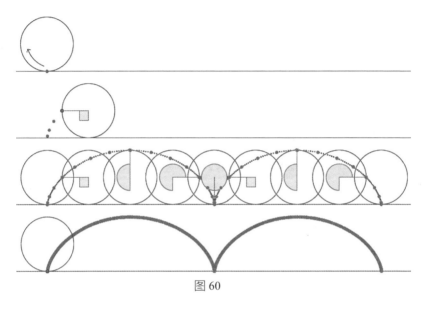

图60

最速降线

最速降线问题，又称最短时间问题、最速落径问题。问题的内容是：在受重力及不计阻力的情况下，初速为0的一个质点，设A点和B点，A点比B点高度高，那么从A点最快到达B点的路线是什么？人们直觉认为是直线，如图61，但因为物体受重力影响实际移动路径不是直线。从16世纪开始很多数学家都在研究这到底是什么线，其中有伽利略、牛顿、莱布尼茨、洛必达（L'hospital）等。1638年，伽利略认为此线是圆弧，但实际上不是。到了1696年，约翰·伯努利利用微积分与等时降线证明此线是摆线（见图62）。艾萨克·牛顿、雅各布·伯努利、莱布尼茨和洛必达也都得出同一结论：最速降线的答案应该是摆线。但事实上，约翰·伯努利的证明方法是错误的，他哥哥雅各布布·伯努利的方法才是正确的，两兄

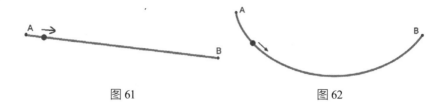

图 61 图 62

弟因此争吵，导致反目。

　　而这些曲线有什么用？我们生活中很多地方都会用到它们，如：齿轮的设计可以降低零件的磨损；滑梯或是滑水道以这样的曲线来设计；刺激程度一定会让人感到惊艳的溜滑板的U型坡道也是等时降线设计，不管何处下滑，大家都会同一时间到达底部，形成一个特殊的现象；游乐园中玩过山车的人会去追求速度，老板一定最希望在最小的空间内达到最快的速度让客人感到刺激，这样才能带来顾客，那么最速降线就会是最好的选择，但要注意安全。

　　所以，数学能给我们的生活带来许多乐趣。

# 为什么角度要改成弧度？

### 弧度的起源

从希腊时期开始，夹角的开口大小度量单位是度（degree），如90°。这个用法延续到18世纪初期，用单位圆的弧长来作新度量单位：弧度（radian），如：$90° = \frac{\pi}{2}$，如图63。

1714年，英国数学家罗杰·柯特斯（Roger Cotes）用弧度的概念而不是用度来处理相关问题，他认为弧度作为角的度量单位是很方便的。

1748年，欧拉在《无穷分析引论》中用半径为单位来量弧长，设半径等于1，$\frac{1}{4}$圆周长是$\frac{\pi}{2}$，所对的90度圆心角的正弦值等于1，可记作$\sin(\frac{\pi}{2}) = 1$。但"radian"一词还没有出现，人们只能直接用这个式子表达这个结果。

1873年，爱尔兰工程师汤姆逊（James Thomson）在贝尔法斯特的女王学院所出的试题中，第一次使用"radian"一词。而弧度（radian）是半径（radius）与角（angle）的合成，意味着弧度与半径、角有关。

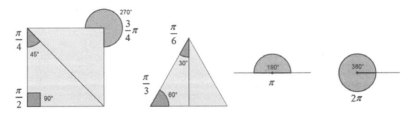

图63

### 为什么角度需要改成弧度?

原先角度是用来描述角的开口大小程度的，但为了区别图案上的长度，所以加个小圈圈避免混淆，如图64。但使用小圈圈描述开口大小，在使用上有多种不便：

1.书写上，有时 15° 写得太潦草就像 150。

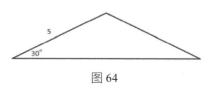
图64

2.广义三角函数作图，如果横轴用角度为值则不易观察曲线变化。如图65：y=cos x。

3.坐标平面已习惯只看到数字，再看到一个表示角度的小圈圈，画面会很乱。同时图案是一格单位是5，所以如果是1：1的原始图案将会更平坦没有起伏，所以找一个关系式，把角度换数字，此数字的意义为弧度（稍后说明内容），用弧度代替角度来描述开口大小，使图案方便观察。观察图66角度与弧度的差异性，可以看到如果用弧度表示，可以让图案有明显的变化，并且不用压缩图案。

4.角度换弧度关系式是 $\pi = 180°$。角度换弧度的优点：

（1）作图将更清晰；

（2）与 $\pi$ 有关的公式将变精简，见表5。

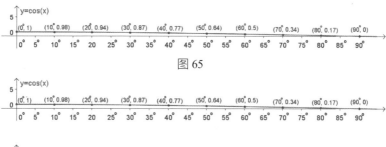
图65

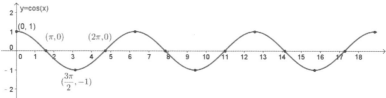
图 66 用弧度后,曲线变化明显

所以开口大小有两个写法，一个以弧度（实数）表示，一个角度（小圈圈）表示。

**表5**

| | 角度 | 弧度 |
|---|---|---|
| 弧长公式 | $s = \dfrac{x^{\circ}}{360^{\circ}}\pi r$ | $s = r\theta$ |
| 扇形面积公式 | $A = \dfrac{x^{\circ}}{360^{\circ}}\pi r^2$ | $A = \dfrac{1}{2}r^2\theta$ |

## 为什么180° =π?

已知角度换弧度是为了方便，所以找到有意义的式子来换算。我们知道正三角形每个内角都是60°，并且边长一样，如图67。而弧度就是思考圆心角度是多少度弧长才会跟半径相等的问题。

弧长参考图68，弧长计算式：

$$弧长 = 圆周长 \times 比例 = 直径 \times 圆周率 \times \frac{圆心角度}{360^{\circ}} = 2r \times \pi \times \frac{\theta}{360^{\circ}}$$

所以当弧长 = 半径时，参考图69，则 $2r \times \pi \times \dfrac{\theta}{360^{\circ}} = r$，则 $2\pi \times \dfrac{\theta}{360^{\circ}} = 1$，则 $\theta = \dfrac{360^{\circ}}{2\pi}$，则 $\theta = \dfrac{180^{\circ}}{\pi}$，则 $\theta = \dfrac{180^{\circ}}{3.14}$，则 $\theta \approx 57.3^{\circ}$。

我们可以发现 $\theta = \dfrac{180^{\circ}}{\pi} \approx 57.3^{\circ}$ 时，半径等于弧长，这个角度具有特殊性。我们就定义这个角度 $\theta = \dfrac{180^{\circ}}{\pi} \approx 57.3^{\circ}$ 为1弧度，因为 $\dfrac{180^{\circ}}{\pi} \equiv 1$

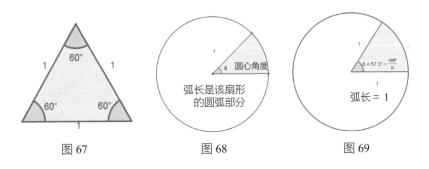

图 67      图 68      图 69

弧长是该扇形的圆弧部分

弧长 = 1

弧度，所以180° ≈ π弧度。此数字是用弧长描述开口大小，所以称"弧度"。同时在单位圆上，弧度的数字等于弧长的数字。特别要注意的是角度换弧度关系式是π ≈ 180°，大多数人对于圆周率这个比率等于180度感到困惑。实际上，不是圆周率等于180度，而是角开口大小的两个不同的描述方式。

当弧度数值是圆周率的数值时，恰等于开口的角度表示的180度。所以我们应该念作：弧度π =角度180° 。此换算如同：一本电子书是2美元，也是14元人民币。

弧度的应用：兵马俑的马战车、量角器、在地球上经过了几度。

由上图可知，兵马俑的马战车车轮有30根车辐，而且学者发现圆形车轮被完美作成30等分，在当时人们是怎么办到的，令人不可思议！我们能想到的办法是：360度除以30，一个角度是12度，再用量角器去画。但正常来说，当时的人们只能切半圆、1/4圆、1/8圆，以此类推，所以不可能做出12度。那么，当时的人如何作出30等分呢？

已知圆形切一半，两边半圆的弧长是一样的，继续分割为90度，其对应的1/4圆周也都会是一样长的。在同一个圆中，角度相等时，其对应的弧长是一样的，可以利用此原理对圆形作等分。

第一个方法

拿一条30厘米绳子，每厘米的位置标上记号，再绕成圆形，将绳上每一点连到圆心，如此一来就能得到30等分。但绳子绕成圆形并不容易。

第二个方法

拿一条绳子绕车轮，量出圆周长，以此长度利用相似形原理作出30等分的点，再放回车轮上去标记就能将圆作成30等分。

同理，量角器应该也是利用这两种方法之一做出来的，然后作能方便测量角度了。而这种利用圆周弧长测量角度的方法，在现在被称为弧度。对于弧度我们或许太陌生，但由以上的介绍我们就可以更熟悉弧度，并知道生活中处处是数学。

补充说明

为什么需要弧度来量角度，因为在一平面不能量角度的时候，必须利用弧长来推算角度有多大，如在赤道上直线经过1000千米，并已知地球赤道半径大约为6378千米，由弧度公式：半径×弧度＝弧长，所以可推算出弧度为0.156,79，也就是圆心角8.983度。

# 神奇的帕斯卡（Pascal）三角形

## 帕斯卡的故事

帕斯卡是法国的科学家，他发现了水压机原理，空气具有压力，为物理学中的流体力学提供了重要的理论支撑，在数学上也有相当多的贡献。帕斯卡的父亲热爱数学，但他认为学数学对小孩子有害，应该在15岁后再学，加之帕斯卡的身体并不强壮，父亲就更不敢让他接触数学了。

帕斯卡12岁的时候，看到父亲看几何的书，询问那是什么，但父亲不想让他知道太多，只回答了正方形、三角形、圆形的用途是为了在绘画时画出更美丽的图形。满怀好奇的帕斯卡自己回去研究这些图形，他发现任何三角形的内角和都是一个平角（180度），于是很高兴地跟父亲说自己的发现，父亲发现他的才华，于是开始教他数学。在13岁时，他发明了帕斯卡三角形。在17岁时他就写了将近400多篇圆锥曲线定理的论文。19岁时，为了帮助税务官的父亲计算税务，他发明了世界上最早的计算机。虽然只能进行加减法的运算，但他所运用的原理现在的计算机仍在使用。

数学归纳法的原理也由帕斯卡最早发现。在1654年11月的某一天，他搭马车发生意外，但大难不死，他认为自己一定是有神明保佑，于是放弃了数学与科学，转而开始研究神学，只有在他身体不舒服的时候，才会想些数学问题来转移注意力。后来，他像苦行僧一样，将一条有尖刺的腰带绑在身上，如果有不虔诚的想法出现就用这条腰带来惩罚自己。可惜的是，帕斯卡不到39岁就过世了。

帕斯卡的数学研究非常接近微积分的理论，影响了德国数学家莱布尼茨，他看完帕斯卡的理论后写道："当自己读到帕斯卡的著作时，像是触电一般，顿悟出一些道理，而后建立了微积分的理论。"

通过帕斯卡的事迹我们可以知道：数学从何时开始学并不是问题，只要有心、肯努力，一定都可以获得成果；天分固然重要，但努力更重要；计算机虽然是国外发明的，但别忘了我国也有算盘，算盘在处理加减运算时也有着相当高的便利性。

## 帕斯卡三角形是什么？

帕斯卡在多项式中发现两项多项式与幂次的系数关系，相加可得下一行系数，如图70。他还继续研究 $(x+y)^n$ 中指数部分 $n$ 的变化会带来的影响，研究其中的规律，得到二项式定理，组成了一个数字三角形，这就是帕斯卡三角形，也得出了帕斯卡法则。

## 二项式定理是什么？

二项式定理是 $(x+y)^n$ 展开的定理，每一项的系数与 $C$ 有关。在展开此公式时发现，当 $n$ 不同时，展开后每一项系数有其特殊规律。最后我们得到 $(x+y)^n = \sum_{k=0}^{n} C_k^n x^k y^{n-k}$ ，如图71。

$$
\begin{array}{l}
1\ 1 \\
1\ 2\ 1 \\
1\ 3\ 3\ 1 \\
1\ 4\ 6\ 4\ 1 \\
1\ 5\ 10\ 10\ 5\ 1
\end{array}
\quad
\begin{array}{l}
(x+1)^1 = 1x + 1 \\
(x+1)^2 = 1x^2 + 2x + 1 \\
(x+1)^3 = 1x^3 + 3x^2 + 3x + 1 \\
(x+1)^4 = 1x^4 + 4x^3 + 6x^2 + 4x + 1 \\
(x+1)^5 = 1x^5 + 5x^4 + 10x^3 + 10x^2 + 5x + 1
\end{array}
$$

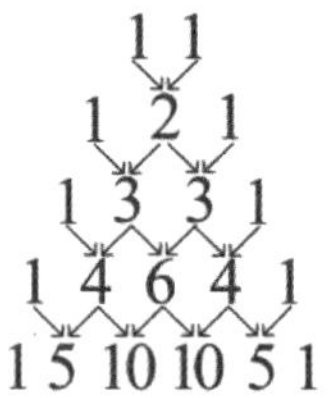

图70

帕斯卡恒等式：帕斯卡在排列组合上发现的恒等式：
$C_{n-1}^{m-1} + C_n^{m-1} = C_n^m$。

帕斯卡三角形在我国也被称为杨辉三角，南宋数学家杨辉的发现比帕斯卡早393年记录在《详解九章算法》的著作中。中国在数学领域曾领先西方，如图72，只是后来发展落后了。

$$
\begin{array}{cc}
\begin{array}{c}
1\ 1 \\
1\ 2\ 1 \\
1\ 3\ 3\ 1 \\
1\ 4\ 6\ 4\ 1 \\
1\ 5\ 10\ 10\ 5\ 1
\end{array}
&
\begin{array}{c}
C_0^1\ C_1^1 \\
C_0^2\ C_1^2\ C_2^2 \\
C_0^3\ C_1^3\ C_2^3\ C_3^3 \\
C_0^4\ C_1^4\ C_2^4\ C_3^4\ C_4^4 \\
C_0^5\ C_1^5\ C_2^5\ C_3^5\ C_4^5\ C_5^5
\end{array}
\end{array}
$$

图 71

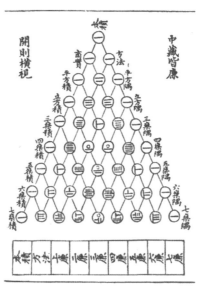

图 72 中国元朝数学家朱世杰在著作《四元玉鉴》中列出的"三角垛"

# 数学与音乐

如果我们形容音乐是感官的数学，那么数学就可以说是推理的音乐。

——英国数学家西尔维斯特
（James Joseph Sylvester，1814—1867）

所有的艺术都向往音乐的境界，所有的科学都向往数学的境界。

——美国哲学家乔治·桑塔耶拿
（George Santayana，1863—1952）

数学和音乐，都必须使用一套精确的符号系统来表达抽象概念，因此，数学符号和乐谱极相似，如图73。为何说数学是推理的音乐？我们可以从两个层面来说明，本篇先介绍两个层面，第七章将介绍后两个层面。

图73 作者自己制作的图像，这是 Vitali 的 Chaconne

## 物理层面

音乐是声音构成的，而声音从物理学角度来说就是空气的波动，所有学过弦乐器的人都知道，左手指按弦的动作就是经由改变琴弦的振动波长来发出不同的音高。音乐是最抽象的艺术形式，它的基本元素是声音，它的呈现是声音的组合，而且音与音之间的关系是比例关系。因此，单从物理层面而言，音乐作为最抽象的艺术，必然和最抽象的数学有极相似的地方。

这也说明了为何希腊人将音乐视为数学的一支。希腊人在中世纪时期的四艺，指的是算术、几何、音乐与天文。音乐也是自然界的事实呈现：8度音程是数学真理，5度与7度和弦也是。20世纪的流行音乐家詹姆斯·泰勒（James Taylor）也有类似的感受：物理定律规范着音乐，所以音乐能将我们拉出这个主观而纷扰的人世，将我们投入和谐的宇宙。前两小节就是动机（Motif），由此展开整段旋律，就像数学演绎，由公理出发，导出定理，如图74与图75。

图 74 贝多芬《第五交响曲》第一乐章的前 16 小节　图 75 贝多芬《第五交响曲》第一乐章的前 16 小节，由上述的动机小节经由曲式原则展开成第一主旋律

## 结构层面

音乐是由声音和节奏建构起来的，它的文法并非任意的，音乐的构成就如同数学，是被心智深层所要求的结构及组织规范着的。因此有基本的处理声音和节奏的规则，正如同算术中的四则运算，这些"运算"有重复（Repetition），有反转（Inversion）和转调（Modulation）等基本操作。作曲家以最初的动机或乐想（通常只有几小节）为起点，使用上述基本运作发展成较长的一段乐句，再将这些较长的乐句依据某个曲式（Music Form）发展成完整的乐章。贝多芬的《第三十号钢琴奏鸣曲》的第三乐章就是一个很好的例子：由他钟爱的16小节乐句开始：Gesangvoll, mit innigster Empfindung（从内心很感动的，如歌的行板），展开成6个变奏曲，见图76。

图 76 贝多芬《第三十号钢琴奏鸣曲》第三乐章主旋律（16 小节乐句）段

　　至于什么是曲式？如同数学 400 多年研究许多形态和样式（Pattern）一样，西方音乐也发展出许多丰富的曲式，如赋格（Fugue）、奏鸣曲式、交响曲式等。以反转为例，巴哈"平均律"的一小段：上半旋律的起音是 A，下半旋律的起音是 E，当上半旋律向上行，下半旋律就向下行等量的音高，反之，当上半旋律向下行，下半旋律就向上行等量的音高，如图 77。

　　一般而言，曲式结构严谨，有一定规则，很像数学的演绎推理。因此，近年来有许多音乐学者使用抽象代数的方法来分析、了解曲式的结构。譬如说，"平均律"的所有调性形成一个可交换群（Abelian Grop），如图 78，这个结论让我们可以从交换群的特性看出转调规则的原因。我们不必也不需要在此探讨什么是可交换群，只要了解：从结构层面而言，音乐与数学的关系之密切远超过我们的认知。20 世纪作曲家斯特拉文斯基（Stravinsky）曾说："音乐的曲式很像数学，也许与数学的内容不相同，但绝对很接近数学的推理方式。"

图 77 反转

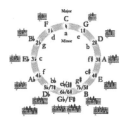

图 78 平均律（12 个音）所有的
调性形成一个可交换群

第六章

# 近代时期

对于数学概念来说，美是她的首要标准；世界上不存在丑陋的数学。

**哈代（G. H. Hardy）**

（1877 — 1947），英国数学家

用一条单独的曲线，像表示棉花价格而画的曲线那样，来描述
最复杂音乐的演出效果——在我看来是数学能力的极好证明。

**开尔文（Lord Kelvin）**

（1824 — 1907），英国物理学家

# 数学、音乐与颜色

数学与艺术的关系不胜枚举，如数学与绘画、数学与建筑、利用电脑技术做动画，也与生物遗传密码不可分离等。数学与音乐的关系也密不可分，数学家毕达哥拉斯创造了音阶，而约翰·伯努利与巴赫完善音程问题，欧拉更写下《音乐新理论的尝试》（*Tentamen novae theoriae musicae*），书中试图把数学和音乐结合起来。一位传记作家写道：这是一部"为精通数学的音乐家和精通音乐的数学家而写的"著作。牛顿发现颜色在光谱中的频率，并定下自己认为颜色与音阶的关系（见图1）。而亚历山大·斯克里亚宾（Alexander Scriabin）对颜色与和弦也颇有研究（见图2）。其他艺术家也都有各自的定义，这些都是数学与艺术的结合，借由各种方法来让看不见的抽象概念变得能够看得见。

到了19世纪印象派时期，有更多的艺术家开始思考让画作更为生动、真实、立体（见图3、4），他们注意到光是由很多颜色组成，这边可由三棱镜色散发现到白光可构成彩虹（见图5），并且黑色并不只是黑色而是深色的极致。并且在不同的光源下，看到的颜色也不尽相同。所以他们认知到：不用固有的颜色来创作，而是可以用基本的几种颜色加以组合，就可以达到想要的效果。如：紫色能以红点加蓝点并排来表现。这种视觉观感因为光的波长是数学函数，两个光叠在一起时，如同两函数的合成（见图6）。而这种让图案更为生动立体的手法也用在现代的3D电影中，利用两台播放机与色差眼镜来制造立体感，如图7。

而这种画法在1880年又被强化，画家们只用四原色的粗点来进行绘画，称为点彩画派。创始人是修拉（Georges-Pierre Seurat）和

C—红　　　D—橙　　　E—黄　　　F—绿　　　G—蓝　　　A—紫　　　B—紫红

图1　牛顿的和弦与颜色

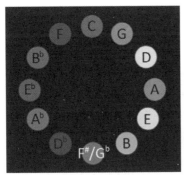

图2　斯克里亚宾的和弦与颜色

图3　印象派的代表作《日出》，绘者莫奈

图4　《星夜》，绘者梵高

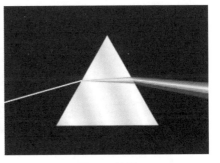

图5　三棱镜

图6　颜色的混合

图7　3D电影

图8　《检阅》，绘者修拉

西涅克（Paul Signac）。它的概念如同电视机原理，利用人眼视网膜分辨率低，也就是模糊时就看起来的是一个整体，如图8。

这些画法再度给音乐家带来创作的灵感，产生了印象主义音乐（Impressionism in music）。此主义不是描述现实音乐，而是建立在色彩、运动和暗示之上，这是印象主义艺术的特色。此主义认为，纯粹的艺术想象力比描写真实事件具有更深刻的感受。代表人物为德彪西（Achille-Claude Debussy）和拉威尔（Joseph-Maurice Ravel）。印象主义音乐带有一种完全抽象的、超越现实的色彩，是音乐进入现代主义的开端。德彪西以绘画作品《富岳三十六景的神奈川县的大浪》为灵感（见图9），创作出音乐作品：《海》（La mer）。

图9 《富岳三十六景的神奈川县的大浪》，作者是日本葛饰北斋

点彩画派也影响到20世纪的音乐发展，奥地利音乐家安东·韦伯恩（Anton Webern）就应用此方式作曲。

到了现代，数学、音乐和颜色三者的结合，替色盲患者带来了色彩，他们可以"听见"颜色。尼尔·哈比森（Neil Harbisson）是一个爱尔兰裔的英国和西班牙的艺术家，他是一位色盲艺术家，但他在2004年利用高科技，以声音的频率让他"听"到颜色。他将电子眼一端植入在头盖骨中，而镜头看到颜色后会将信息变成对应的声音传到大脑，于是他"听"到了颜色。从此，他的世界变成了彩色。由以上内容可以发现，数学与音乐、与艺术是息息相关的，它们是互相影响的。

牛顿发现颜色和光谱的频率关系，并且自己定下颜色与音阶的关系。除了音乐家将和弦思考为有颜色性的，表现得有色彩张力，也有画家将画作表现得如音乐一般热闹。

20世纪初抽象派画家瓦西里·康定斯基（Kandinsky，1866—1944）的作品就是这样，他曾在莫斯科大学学过经济学和法学。康定斯基使用各种几何形状和色彩，企图使图像呈现出音乐般的旋律及和声，如图10、11。

图10

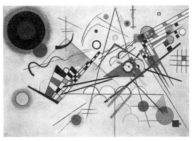

图11

　　荷兰的蒙德里安（Piet Cornelies Mondrian，1872—1944）是现代主义艺术的代表之一，开始时蒙德里安创作风景画，后来转变为抽象的风格。蒙德里安最显著的风格的是用水平和垂直的黑线为基础作画。

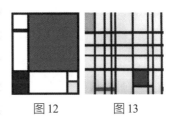

图12　　　　　图13

蒙德里安认为，数学和艺术紧密相连。他用最简单的几何形状和三原色，表达现实、性质、逻辑。蒙德里安的观点是：任何形状都由基本几何形状组成，以及任何颜色都可以用红、蓝和黄的不同组合来建立。而黄金矩形（长宽比例为黄金分割率0.618）是一个基本的形状，不断出现在蒙德里安的作品中，如图12、13。蒙德里安在1926年和1942年作了这两幅画，图中有很多黄金矩形，并以红色、黄色和蓝色组成。

　　法国画家保罗·塞尚（Paul Cézanne，1839—1906），也有与蒙德里安类似的想法。他认为空间的形体可用圆锥、球等立体几何来构成，他的艺术概念经数学家研究后与空间拓扑学吻合。塞尚的风格介于印象派与立体主义画派之间。塞尚认为："线是不存在的，明暗也不存在，只存在色彩之间的对比。物象的体积是从色调准确的相互关系中表现出来。"他的作品大都是他自己艺术思想的体现，表现出结实的几何体感，忽略物体的质感及造型的准确性，强调厚重、沉稳的体积感，以及物体之间的整体关系，有时候甚至为了寻求各种关系的和谐而放弃个体的独立和真实性。

图14　　　　图15

塞尚认为："画画并不意味着盲目地去复制现实，它意味着寻求各种关系的和谐。"从塞尚开始，西方画家从追求真实地描画自然，开始转向表现自我，并开始出现形形色色的形式主义流派，形成现代绘画的潮流。塞尚这种追求形式美感的艺术方法，为后来出现的现代油画流派提供了指引，所以，其晚年为许多热衷于现代艺术的画家们所推崇，并被尊称为"现代艺术之父"，如图14、15。

1913年，俄罗斯的卡洛米尔·马列维奇（Kasimer Malevich）创立了至上主义（suprematism），并在1915年圣彼得堡宣布展览。他展出的36件作品具有相似的风格。至上主义根据"纯粹感情的至高无上"，而不是物体的视觉描绘来创作。至上主义侧重于使用基本的几何形状，以圆形、方形、线条和长方形为主，并用有限的颜色创作，如图16。

马列维奇的学生利西茨基（El Lissitzky，1890—1941），是艺术家、设计师、印刷商、摄影师和建筑师。他在至上主义艺术领域的内容影响了构成主义（constructivism）艺术运动的发展。他的风格特点还影响了1920年至1930年间的生产技术和平面设计师，如图17、18、19。

从以上内容我们可以知道到数学与音乐和艺术一直是互相影响的。所以学习数学从学习抽象的艺术开始更能引发人们的兴趣。

图16　　　　图17　　　　图18　　　　图19

# 用电脑证明的定理：四色定理

一般地图需要的颜色不多，但要做到相邻区域用不同颜色，参考图20。而地图最少要几个颜色呢？答案是四个颜色。这个问题最早在1852年时由英国的制图员提出，地图能不能只用四种颜色呢？

图20

色呢？这个问题被称为四色猜想。但一直无法拿出令全部数学家都接受的数学证明。

四色问题之所以能够得到数学界的关注，起因于英国数学家德·摩尔根不遗余力推动四色问题的研究。直到1876年，该问题才大规模地受到注意，美国逻辑学家、哲学家查尔斯·桑德斯·皮尔士看到后，便向哈佛大学数学学会投了一份尝试性的证明（非真正证明），对可能的证明思路进行了一番探讨。到了1878年，阿瑟·凯莱在伦敦数学学会向其他参会者询问，四色足够为地图着色的问题是否解决了。不久后他发表了一篇关于四色问题的分析，引起了更多数学家的回应，但仍然是不完整的证明。之后，有许多数学家陆陆续续加入讨论，甚至是退而求其次地先验证五色问题，发现五色一定可以替地图做到相邻异色，所以得到了一个较弱的五色定理，但没因此顺利地解开四色问题。

从拓扑学的角度来看四色问题，却意外有所突破。美国普林斯顿大学的奥斯瓦尔德·维布伦的工作重心是拓扑学，他开始对四色定理展开研究。他使用了有限几何学的观念和有限体上的关联矩阵作为工具，最后美国数学家伯克霍夫首次证明了四色定理对不超过12个国家的地图成立，历史上证明的可染色地图的国家数上限纪录被称为伯克霍夫数。后来，美国数学家富兰克林证明了22国以下地图可用四色着色。一直到1976年，数学家凯尼斯·阿佩尔和沃夫冈·哈肯利用电脑证明了四色猜想，该理论被正式改名为四色定理。

四色定理是人们第一次利用电脑证明的定理。利用电脑的证明，在最初并不被数学家接受，但因为这个证明无法用人手直接验证，所以最后也渐渐被学界接受。但仍有数学家希望能够找到更简洁或不用电脑的证明方法，如图21、22。

出图案可知这么多的格了，如果用手工一定是难以证明的，但现在我们有了电脑后，就可以有效验证它。或许将来我们会出现更多的需要电脑验证的问题，到那时，数学也一定发展到更高的阶段。

图 21

图 22

# 神奇的莫比乌斯带与克莱因瓶

## 神奇的莫比乌斯带

一张纸条做成的环，内外都画完，要画两笔，如图23。但只要做一个小小的变化，就可以一笔把一张纸条做成的环的内外都画完。我们只要在做环状时旋转一个半圈就好。这个形状就是莫比乌斯带，如图24。

它的路线像是无限内外两圈一直循环，所以有人因为莫比乌斯带一笔能画完内外两圈，就将无限大的符号 ∞ 与莫比乌斯带联想在一起。但实际上无限大的符号早已经存在，在罗马时期就已经被当作是很大的数来使用，∞ 与莫比乌斯带不一定有关系。如果将旋转不同数量半圈的莫比乌斯带由中线剪开，会得到不一样的结果。

旋转 1 个半圈，如图 25、26。

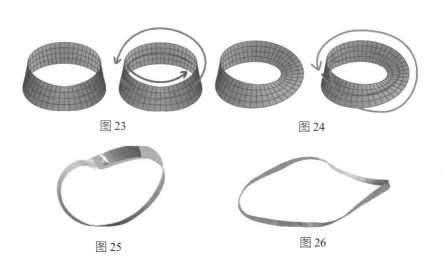

图 23　　　　　　　图 24

图 25　　　　　　　图 26

旋转2个半圈，会变成2个连接的圈，如图27、28。

旋转3个半圈，会变成类似三叶草的形状，如图29、30。

莫比乌斯带，是数学中拓扑学的一种结构，由德国数学家、天文学家莫比乌斯（August Ferdinand Möbius）和约翰·李斯丁（Johhan Benedict Listing）在1858年发现。

| 图27 | 图28 | 图29 | 图30 |

## 神奇的克莱因瓶

图31 克莱因瓶图形

莫比乌斯带内外是同一面的特殊性，在立体中也有出现，这个形状就是克莱因瓶，如图31。这是一个管状的瓶子，下方开口向下延伸，扭转穿入内部，再与上方开口密合。此时瓶子外面与里面是同一面。

克莱因瓶，也是数学中的拓扑学的一种结构。由德国数学家菲立克斯·克莱因（Felix Christian Klein，1849—1945）提出。

由以上两种特别的形状，我们可以发现生活中有很多与数学有关的事物，或者可以说世界充满着数学规则。

**小博士解说**

拓扑学是研究位置的数学，也被比喻为橡皮的几何，可以任意延展与扭转，而它在生活中可以做什么？可用于生物学研究的DNA上的某些酶的研究，拓扑学也可用于生物学中基因之间的关系。在物理学中，拓扑被用在一些领域，如量子场论和宇宙论等。在宇宙论中，拓扑结构可以用来描述宇宙的整体造型，这个区域被称为时空拓扑。电路图中我们也常见到电路被扭曲变形，也代表相同意义。

# 统计：数学名词误用——平均收入

有的时候我们将一些数学名词用错地方，导致不合理的判断结果。最常犯的错误就是使用无意义的"平均"：平均收入。政府常常使用平均收入讨论大家生活过得好或不好，这其实没有意义，观察图32。在图32中讲平均是没有任何意义的，因为后半段的人没感觉，前半段的人无所谓。这种图形又被称M型社会。此种图形不能用平均来描述，我们应该用中位数来描述才比较贴近大家的感受，如图33。用平均来讨论时还必须与标准差一起讨论。什么是标准差？有哪些常用的统计名词？它们有什么意义与使用时机？见表1。

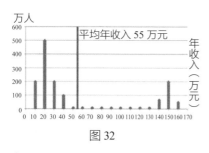

图32

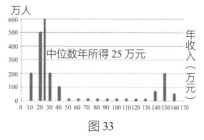

图33

表1

| 名词 | 意义 |
|------|------|
| 平均 | 总和除以数量，符号为 $\bar{x}$。用在大家都是差不多的情形下，不受极端值影响的图表 |
| 中位数 | 按大小顺序排在最中间的数字，或是数量是偶数时，取最中间两个数的平均。用在图表受到极端值影响时，如 M 型曲线 |
| 众数 | 数量最多的数值。例如统计班上学生的年纪 |
| 标准差 | 每笔数据减去平均的平方和，再除以数量，再开根号，符号为 $\sigma$，$\sigma = \sqrt{\dfrac{1}{n}\sum_{i=1}^{n}(x_i - \bar{x})^2}$，此数据可观察图表分散程度，$\sigma$ 越大分布越广 |

## 标准差是什么？

在绝大多数情况下，人们爱用平均来解决问题，或是只用平均来解释事情，容易得到很不精准的判断。

利用标准差及算术平均数，能帮助我们判断各部分的数量，我举一个例子可以明显认识到其意义。

一群人出去玩，这群人身高平均为165cm，标准差是7cm；另一群人平均身高165cm，标准差是3cm。

这两群人看起来感觉就不一样，因为标准差不同。在正态分布中，有68%的人分布在平均值正负标准差数值内。

前者标准差大，身高落差大，68%的人的身高是在平均数加减一个标准差的范围内。$165 - 7 = 158$、$165 + 7 = 172$，所以68%的人身高为158~172cm。后者标准差小，身高落差小，身高范围比例和计算方法同上。

$165 - 3 = 162$、$165 + 3 = 168$，所以 68% 的人身高为 162~168cm。

很明显地可以看出，后者的分布比较集中。

可以看图34来理解这个问题。或由数学式认识标准差：$\sigma = \sqrt{\dfrac{1}{n}\sum_{i=1}^{n}(x_i - \bar{x})^2}$ 的意义，如果一组数距离平均数越远、越分散，$x_i - \bar{x}$越大，标准差就越大，样本数据越分散。标准差越大，一定范围内数据差异就越大。

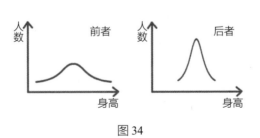

图34

### 结论

如果用图表及算术平均数、标准差说明大众的月收入状况可以更让政府知道大家的生活状况，如下图：根据三个标准差观察各区间的人数，图35是标准差为1.5万元的情形，图36为标准差为3万元的情形。

用标准差，我们才能知道居民贫富差距的真实情形。用平均数表达结论在大多数情况下都是不够准确的，必须加上标准差才更清楚。

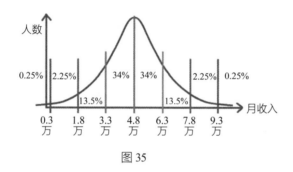

图 35

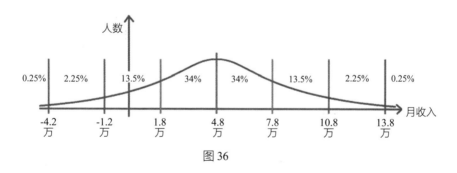

图 36

# 统计：M型社会是什么？

M型社会是一个两极化的社会，一个贫富差距很大的社会，部分民众仅认识到这个层面，对于M型社会的实际意义并不明白，甚至对哪边跟M有关系都不是很清楚。M型社会民众的年收入与人数的条形图作成曲线，其曲线呈现M的形状，故因此得名，如图37。两个尖端的地方代表得到该收入人数特别多的区块，以本图为例，就是年收入30万与80万人的人群最多。在M型社会中，平均年收入的数字是没有意义的，对于大多数人来说，平均数并不贴近自己收入。可以举一个极端的例子：班上50人，25人考0分、25人考90分，全班平均是45分，这个数字无法描述该班学生的成绩情况。

相同地，在M型社会的平均收入也就失去意义，因为两个人数多的部分彼此再拉平均，平均反而落在两高峰的低谷之中，而低谷代表的意义是人数少的部分，所以如果是这样统计出来的平均收入，大多数人都不会有感觉，因为跟自己的收入都差太远。有钱人固然不会在意，但低于平均收入以下的人就会想说，这数字跟自己一点关系都没有，或是想说自己认真工作收入还是在平均值以下，认知到贫富的分配其实并不公平，导致数据作用不大，如图38。

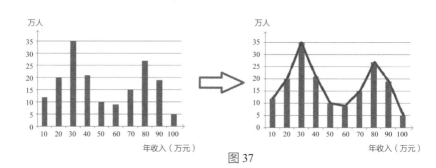

图37

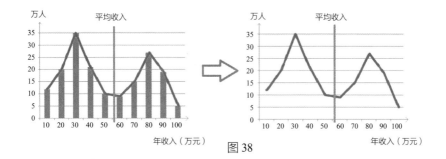

图 38

要避免数据无意义，需要画出图表，图表用曲线就可以表达，因为可以把两个年度的曲线拿来作比较分析，并可看出曲线变化，并进而发现贫富差距的变化情形。且能观察社会是哪一种M型曲线，如图39。

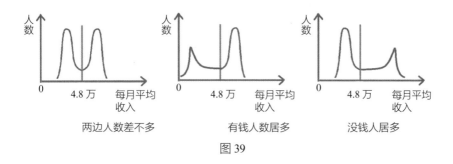

两边人数差不多　　　　有钱人数居多　　　　没钱人居多

图 39

## 如何从两个年度的曲线中发现信息?

假设：下图为两个年度的曲线，如图40。看到图40的左边与中

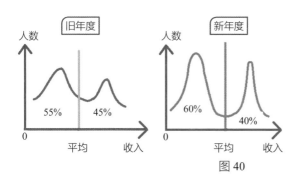

图 40

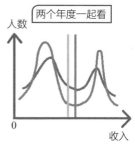

间，知道人往两个高峰靠过去，也代表M型化的加剧，并且经计算后得到平均以下的人数百分比，得知贫富的分布，知道自己是属于哪一个部分，并且思考现在经济发展的情形；再者我们可以知道失业的人收入很低，借由图表推算可以知道年收入低于多少是属于失业人群，进而判断这两年度失业率的变化。将两年度合并起来看，见右边的图，可以更明确地看到变化，虽然可以观察到平均值在向右移，代表平均收入有所提升，但两边高峰的部分更往两边，代表贫者越贫、富者越富，而造成这个现象的原因很多：社会动荡、产业外流、全球经济的影响等，而M型曲线的结果带来的是什么？为了应对经济萧条，高学历的人为了给小孩更好的生活，选择晚婚、晚育甚至不婚、不生，低生育率带来更多问题，不断恶性循环，贫富差距就更大。一切都要以真正有效的图形来说明，单看平均收入一点意义都没有。只有运用有效的统计方法，我们才能知道真正的社会发展情况。

# 统计：期望值与保险费

　　我们有各式各样的保险费，如：社保、劳保、意外险等。这些费用是如何算出来的？它们就是由统计中的期望值而来的。假设一年一期的意外险赔偿额度是100万元，统计资料显示出意外的概率为0.1%，则保险公司每一份保单的最低收费应该大于多少才不会亏损？最低收费是100万 × 0.1% = 1000，所以要收1000元，保险公司才不会赔本。而价值乘以概率，就是统计中的期望值概念。

　　保险到底值不值得去投保，这是一个值得我们思考的问题，主要存在两个方面的风险：第一个是在保险期间，这个保险公司会不会倒闭；第二个是值不值得这么高额的保险。第一个问题是自己要够聪明不要选到运营情况不好的保险公司。第二个问题我们可以参考历史有名的"帕斯卡赌注"。帕斯卡思考"上帝存在"和"上帝不存在"时说了以下这段话："上帝究竟存不存在？我们应该怎么做？在这里无法用理性判断。有一个无限的混沌世界将我们分隔。在无穷远处，投掷钱币的游戏最后将开出正面还是反面，你会是哪一面？当你必须做出选择时，就要两害取其轻。让我们衡量上帝存在的得与失，思考两者概率的大小。如果你赢了，赢得一切；如果输了，也没什么损失。那么不必犹豫，就赌上帝存在吧！既然赢与输有相同的风险，赢了可以获得无穷的快乐生活，虽然你所押的赌注是有限的。"

　　这是帕斯卡在《思想录》中的论述。帕斯卡知道概率乘以报酬成为期望值报酬，他将数学想法发挥在信仰上帝的问题上。其意义是，相信上帝存在将得到无穷的美好生活。从期望值来看，如果赢了，你所得到的是无穷的一半，如果输了，你所损失的是一个有限赌注的一半, 两者合并起来, 期望值仍是无限大, 那么何不就相信呢?


## 什么是期望值?

期望值其实就是平均值。我们以例题来说明: 有6个球, 1号球一个、2号球两个、3号球三个, 抽到1号给6元, 2号给12元, 3号给18元。那么每人平均抽一次会拿到多少钱? 假设抽6次, 取后放回, 1号、2号、2号、3号、3号、3号, 这组就是每个球被抽出来的概率都一样的情形。

平均抽一次获得的钱: (6+12+12+18+18+18) ÷6=14。

以分数方式思考:

$$\frac{6+12+12+18+18+18}{6}=\frac{6}{6}+\frac{12+12}{6}+\frac{18+18+18}{6}=6\times\frac{1}{6}+12\times\frac{1}{3}+18\times\frac{1}{2}$$

分数就是该球的概率, 期望值就是该球的价值乘以该球的概率, 所以期望值就是平均。那么既然平均的彩金是14元, 那么主办方只要将彩券金额设定在14元以下就不会赔钱。

再回到前文的意外险问题, 见表2。


表2

|  | 保险公司得到的金额 | 概率 | 期望值 |
|---|---|---|---|
| 没发生意外 | $x$ | 99.9% | 99.9%$x$ |
| 有发生意外 | $x-100$万 | 0.1% | 0.1%($x-100$万) |

保险公司对于保险费的期望值至少要是0, 才不亏钱:

$$\text{期望值} \geq 0$$
$$99.9\%x + 0.1\%(x-100万) \geq 0$$
$$99.9\%x + 0.1\%x - 0.1\%\times100万 \geq 0$$
$$x \geq 0.1\%\times100万$$
$$x \geq 1000$$

所以保险费＝赔偿金额×意外的概率，而超过的部分就是保险公司的利润。当我们了解期望值与保险费用的计算原理后，就可以知道你缴纳的保险费中有多少是被保险公司抽走当利润了。

# 统计学中重要的一条线：回归线

我们为商品定价的时候或是预测股市、房市走向时，需要更有逻辑的推测。先观察某笔资料的数据，以点来表示，如图41。可发现点分布在一条线的周围，这条线可以计算出来，用来预测点分布的趋势，这条线就称为回归线，如图42。同时可看到点分散在回归线的周围，我们可以计算分散程度，称为相关系数，相关系数数值绝对值在0到1之间。小于0.7代表太分散，预测的线无法利用，如图43。大于0.7代表较紧密，预测的线有参考价值，如图44。

为什么要叫回归线，而不叫预测线？要从它产生的历史来看。英国生物学家查尔斯·达尔文（Charles Robert Darwin）的表弟——

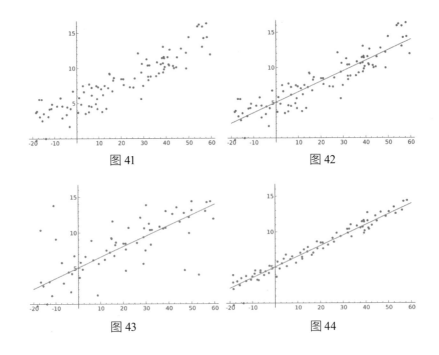

图 41

图 42

图 43

图 44

法兰西斯·高尔顿（Francis Galton）是一名遗传学家（见图45）。1877年，他研究亲子间的身高关系时发现父母的身高会遗传给子女，但子女的身高却有"回归到人身高的平均值"的现象。他最后做出统计的数学方程式，用来预测后代的身高，而此线就被称为"回归线"。

图45 高尔顿肖像

回归线在现代统计、计量经济上是非常重要的推论工具，此统计方法称为回归分析。在广义线性模式（GLM）中，回归分析不只是有直线，也有指数型、对数型、多项式型、乘幂型、移动平均型，而这些在微软的办公软件Excel中，将数据作成散点图后，可加上不同类型的趋势线，如图46。我们得到的趋势线有助于分析数据。

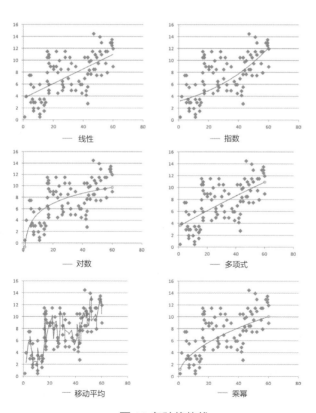

图46 各种趋势线

**一定当选的票数怎么算？**

　　新闻报道某国领导人选举时常会说，某人至少要达到几票就确定当选，这个数字是如何算出来的呢？过半数当然一定会选上，可是我们常看到票数还没过半，候选人就确定一定当选。这其实用到两个观念：一个是不等式；一个是鸽笼原理，见表3。可发现，至少有1个鸟巢会有 $x$ 只鸟的计算式：$x \geqslant$ 鸟数 ÷ 鸟巢。

　　例题1：7只鸟飞到3个鸟巢，是怎样分布的？每一个鸟巢先飞进2只鸟，还会多出1只鸟；所以一定会有1个鸟巢至少有3只鸟。观察全部情形：括号内代表鸟的数字，（鸟巢A，鸟巢B，鸟巢C）：（7,0,0）、（6,1,0）、（5,2,0）、（5,1,1）、（4,3,0）、（4,2,1）、（3,3,1）、（3,2,2），这8种情形都有一个鸟巢有3只鸟以上。

　　计算式：$a$ 只鸟、$b$ 个鸟巢，至少有一个鸟巢会有 $x$ 只鸟，$x \geqslant \dfrac{a}{b}$。

**表3　鸽笼原理（□表示鸟巢，r 表示鸟的数量）**

| | |
|---|---|
| 3 只鸟飞到 2 个鸟巢：<br>　　每一个鸟巢先飞进 1 只鸟，还会多出 1 只鸟；<br>　　所以一定会有 1 个鸟巢，有 2 只鸟以上 | |
| 今天有 n + 1 只鸟，n 个鸟巢：<br>　　每一个鸟巢先飞进 1 只鸟，还会多出 1 只鸟；<br>　　所以一定会有 1 个鸟巢，有 2 只鸟以上 | n 个鸟巢 |
| 5 只鸟飞到 2 个鸟巢：<br>　　每一个鸟巢先飞进 2 只鸟，还会多出 1 只鸟；<br>　　所以一定会有 1 个鸟巢，有 3 只鸟以上 | |
| 今天有 2n + 1 只鸟 n 个鸟巢：<br>　　每一个鸟巢先飞进 2 只鸟，还会多出 1 只鸟；<br>　　所以一定会有 1 个鸟巢，有 3 只鸟以上 | n 个鸟巢 |

## 鸽笼原理与选举

如何利用鸽笼原理计算最低当选票数？将没当选的人数绑成一组，当选的人数＋没当选的人数绑成一组＝鸟巢数。

例题2：现在有10个候选人，但只有1个晋升名额，总票数1000，至少要几票才会当选？

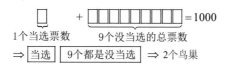

就是1000只鸟飞到2个鸟巢，1000÷2＝500，所以一定有一个鸟巢会有500只鸟以上，所以当选（鸟巢）要大于500票，至少要501票才当选，要不然2个500票，其他0票，见表4。

例题3：现在有10个候选人，有2个晋升名额，总票数1000，至少要几票才会当选？

□□ ＋ □□□□□□□□ ＝1000<br>
2个当选票数　　　8个没当选的总票数<br>
⇒ 当选 当选 　8个都是没当选 ⇒ 3个鸟巢

就是1000只鸟飞到3个鸟巢，1000÷3＝333.3，取整，所以一定有一个鸟巢会334只以上的鸟，所以当选的人至少要有334票，不然2个333票，有一人是334票，拿333票就不确定获胜。见表5。

结论：最低当选票数的计算式＝总票数÷（几个当选人＋1）＜确定当选票数。

**表4**

| 候选人 | A | B | C | D | E | F | G | H | I | J |
|---|---|---|---|---|---|---|---|---|---|---|
| 票数 | 500 | 500 | 0 | 0 | 0 | 0 | 0 | 0 | 0 | 0 |

**表5**

| 候选人 | A | B | C | D | E | F | G | H | I | J |
|---|---|---|---|---|---|---|---|---|---|---|
| 票数 | 334 | 333 | 333 | 0 | 0 | 0 | 0 | 0 | 0 | 0 |

# 第七章

# 现代时期

绘画的目的，让看不见的东西看得见。

**保罗·克利（Paul Klee）**

（1879 — 1940），德裔瑞士籍画家

音乐能激发或抚慰情怀，绘画使人赏心悦目，诗歌能动人心弦，哲学使人获得智慧，科学可改善物质生活，但数学能给予以上的一切。

**莫里斯·克莱因（Morris Kline）**

（1908 — 1992），美国数学史学家、数学哲学家、数学教育家

# 扭曲的地铁线路图

早期伦敦地铁线路图是用真实地图，然后画上各颜色的铁路线，如图1。1930年，哈利·贝克创造出只看相对位置的地铁图，这看起来就像是被扭曲的地图，见图2。

这种地图使用起来便利，并大大缩减制图的时间，纸张还得到有效利用。这种将路线图任意延展、缩小，还能保持交点的位置的正确性，这种概念还可应用在生物学上。这种概念在数学上的研究，依此产生的新的学问被称为拓扑。"对于拓扑学者来说，咖啡杯跟甜甜圈是一样的结构，内部都有一个空洞"，如图3。

拓扑学的起源可以追溯到欧拉（1707—1783）的时代，欧拉研究七桥问题：在所有桥都只能走一遍的前提下，如何才能把这个地

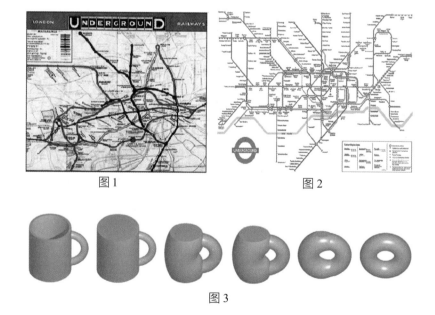

图1 图2

图3

方所有的桥都走遍？为了方便研究，他将图案变形，参考图4、5、6，最后变成可不可以一笔画完七个点的问题。虽然最后结论是无法一笔画完，但这种变形的概念就是拓扑。拓扑对于自然界中也有着高度的相关性，也是研究宇宙空间的重要理论。

拓扑学不只用在数学上，在网络上也使用到此结构性质，被称为网络拓扑，指构成网络的成员间特定的排列方式。如果两个网络的连接结构相同，我们就说它们的网络拓扑相同，尽管它们各自内部的物理接线、节点间距离可能会有不同。网络拓扑可分为以下种类：1.点对点；2.总线型拓扑；3.星形拓扑；4.环形状拓扑；5.全连接型拓扑；6.不规则网状拓扑；7.树形拓扑；8.混合式拓扑；9.菊花链拓扑；10.线形拓扑。以上的网络连接结构各有优缺点，应用在不同的情况，来达到资料保护的作用与传输便利性。

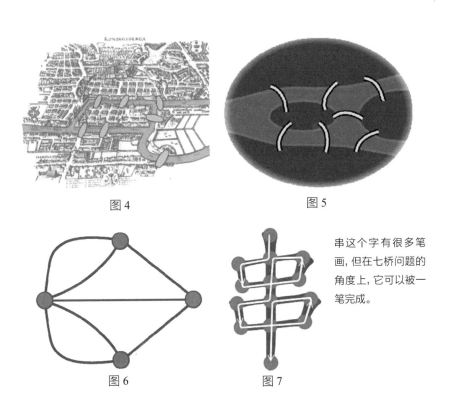

图4

图5

图6

图7

串这个字有很多笔画，但在七桥问题的角度上，它可以被一笔完成。

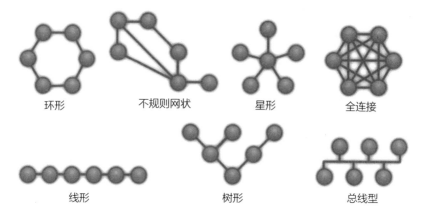

环形　　　　不规则网状　　　　星形　　　　全连接

线形　　　　　　树形　　　　　　总线型

　　数学的研究总是在初期时不容易看出所以然来，但是常会在未来的某一时期，被有效利用。

## ☑ 小博士解说

　　我们在火车内或车站中，不大需要方向感，仅需要知道站与站的关系即可，因此地铁线路图可以任意拉扯、缩放、变形，放在我们想要的物体上，如公交卡、书签上。

# 优美的旋律都是精美的数学表达

## 创作层面

音乐创作过程和数学的演绎思考过程很像，这过程中对理性的渴望和美感的需求交织在一起，努力寻找最适合的旋律、和声、规则与合乎内在逻辑的表达样式。一般而言，音乐和数学创作都源自一个抽象概念，音乐上称为动机或乐想，数学上就是猜测。从这个起点开始，音乐家思索最佳的曲式将原始动机展开成完整的乐章，这个抽象的历程与数学家探索各种形态并以演绎推理来证明或反证原本猜测的心路历程完全相同。例如，17世纪的音乐家巴赫的赋格音乐就深具数学形态的结构和变化。巴赫大部分作品在旋律及节奏上都遵循严谨的对法与和声规则，因此聆听者在感受到巴赫音乐之美的同时，也深刻体会到巴赫音乐特有的数学结构之美。

到了20世纪，由于电子音乐的发明，作曲家的表现手法有了更多的可能性：乐器不只局限于传统乐器，声音的表现也不再局限于演奏者，因而产生了很多革命性的创作，而且，很多音乐创作都引用了数学处理抽象概念和结构的方法。其中最有代表性的音乐家是希腊的伊阿尼斯·泽纳基思，他认为作曲就是将抽象概念的音乐想法加以具体化并赋予合理结构的创作过程。他在创作中率先使用统计学、随机过程及群论的数学概念。

电子音乐及电脑技术在过去30年突飞猛进，为音乐创作增添了更多可能性。其中很重要的一个方面是空间化：传统音乐因受限于演奏者、乐器及演奏空间，所呈现出的音乐有一定的回音，个别回音让我们感受到音乐所存在的空间大小，声音行进的方向等。然而，使用数学方法（数位信号处理技术），我们可将音乐的回音部分修改成我们的空间感。现代很多电影音乐也都采用这类技术达成想要的音效。德国作曲家斯托克豪森是其中的佼佼者，他的作品有强烈的空间感。

从上述的实例我们可以发现：作曲家在创作过程中都有意识（如伊阿尼斯）或无意识（如巴赫）地采用数学方法使音符"归序"，借以正确表达他们所要传达的音乐情感。事实上，这一点也不奇怪，毕竟，音乐和数学一样，都必须掌握抽象概念并要尽可能精准地表达出来。

## 呈现层面

音乐和数学一样，都需要一套比日常语言更精准、更有逻辑的符号系统才能正确表达出来。在音乐上，这套系统被称为乐谱，在数学上，这套系统就是一大堆希腊字母及怪异的数学符号。但是，乐谱不等于音乐，它必须被演奏出来，使人"听到"才是音乐。同理，数学符号也不等于数学，也需要被"演奏"才能呈现它的含义。然而，音乐和数学在表现方式上有很大的不同，举例说明：大多数人都有到KTV唱歌的经验，听到音乐就可跟着唱，根本不必看得懂乐谱。为什么呢？因为音乐能被我们听到，我们能够跟着唱。至于数学，它"演奏出的音乐"在哪里？请见图8。

如何"演奏"出数学使得学习者能经由数学符号听到或看到数学的内涵？这正是目前数学教育最大的缺陷：我们从小到大接受的数学教育有90%以上的时间用在学习技巧及解题思路上，至于数学的音乐部分（数学的内容、美学、历史）几乎完全没被教过。你能想象音乐教育只教乐理和技巧，而不让你听吗？

数学教育的现状正是如此，难怪大多数学生厌恶学数学！一般

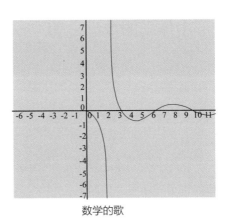

$$f(x)=\frac{\sin(x)\sqrt{x}}{(x-2)}$$

数学的谱　　　　　　　　　　　数学的歌

图8

数学教育的看法认为数学在各领域的应用就是数学的内容，这种看法充分显现在教材的设计，譬如说，教到一元二次方程式之后，举例说明它在物理学上的应用，就等于交代了数学内涵。

事实上，数学内涵远超过数学应用，数学如果仅仅被理解成有用的学问，完全不提它的美学内涵，就一点也不有趣了。我们再以音乐为例，你能想象音乐教学仅限于电影配乐、背景音乐吗？因此，数学教学的最大挑战就是有没有方法可以使学习数学像学习音乐一样，让学生听到或看到数学的内涵？

我归纳多年的个人经验，发现天生数学好的人多半都有意识或无意识地为自己找到一套可以"看到"数学的方法，自我补足了现有教育的缺口。事实上，许多数学家，就是以各自的方式将抽象概念转为具体图像，这种能力是想象力的一种，他们有心灵的眼睛，他们能看得见数学。这些方法一般人可以做到吗？在21世纪的今天，我们很幸运，拜现代科技所赐，能够经由电脑"看到"数学。"让看不见的东西看得见"是20世纪包豪斯（Bauhaus）表现派画家保罗·克利的名言。

绘画就是要让看不到的东西看得见。同样，借由电脑，我们可使看不见的抽象概念看得见：看到数学，听到推理的音乐。

**分形中体现的数学之美**

以英国海岸线长度为例，地图越精细海岸线就越长，甚至可将海岸线视为无限长，如图9。

1. 找 8 点，各点相距 200 千米，英国海岸线长 1600 千米。

2. 找 19 点，各点相距 100 千米，英国海岸线长 1900 千米。

3. 找 58 点，各点相距 50 千米，英国海岸线长 2900 千米。

4. 目前的公布的英国海岸线为 11,450 千米。

1967年，法裔美国学者本华·曼德博研究此问题性质，提出分形理论。他认为分形主要具有以下性质：

1. 具有精细结构；

2. 具有不规则性；

3. 具有自我相似。

接着我们来观察许多分形的艺术，以及大自然中的分形结构，如图10~19。我们可以知道大自然是用数学编写出来的。但至今，我们还没有完整的数学工具来处理分形的问题。

图9

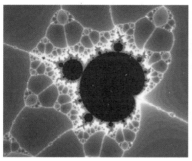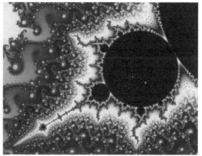

图 10、11 电脑绘制的分形图

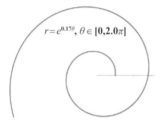
$r=e^{0.17\theta}, \theta \in [0,2.0\pi]$

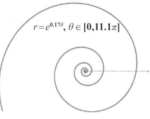
$r=e^{0.17\theta}, \theta \in [0,11.1\pi]$

图 12 自然界常见的黄金比例螺线

图 13 鹦鹉螺　　　图 14 罗马花椰菜　　　图 15 热带低气压
（风力八级以上为台风）

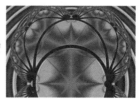

图 16 宇宙　　　图 17 分形树　　　图 18 分形拱门

图 19 雪花的结构, 都是在边长 $\frac{1}{3}$ 位置再作一个三角形, 也是分形的结构

**自然界中充满数学原理**

中世纪意大利数学家斐波那契（Fibonacci）观察兔子生长数量情形，假设几个条件：

1. 第一个月有一对小兔子，一公一母。

2. 第二个月长大变中兔子。

3. 第三个月长成具有生殖能力的大兔子，往后每个月都会生出一对兔子。

新出生的一对兔子，也是一公一母。

4. 兔子永不死亡，可得到图20。

将每月的兔子数量以一对为单位，得到了1、1、2、3、5、8、13……的数列，此数列称为斐波那契数列。观察植物叶片数量，也是以1、1、2、3、5、8、13……的规律生长，人们猜测是因为植物供给叶片的养分与生长周期和兔子繁殖的原理一样，假设某植物成长周期为一周，每周变化一次，则：

1.第一周为新生小叶片；

2.第二周为成长中的中叶片；

3.第三周为提供养分的大叶片。斐波那契认为此数列与数学有关，因为从第三个数字开始，每一个数字都是前两个数字的和，第$n$

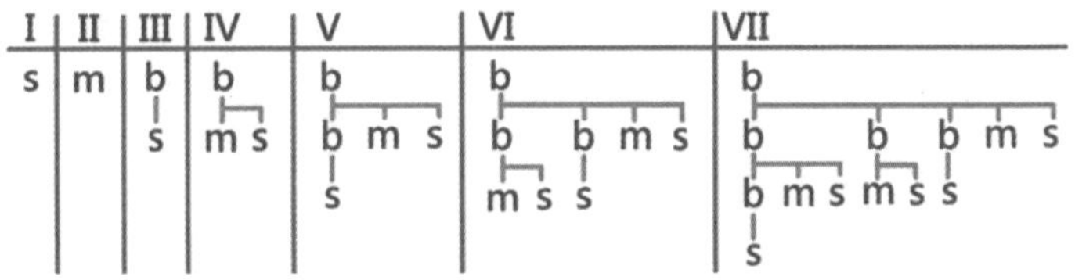

图 20 线条代表亲属关系、罗马数字代表月份。

s 代表刚出生的小兔子; m 代表正在长大的中兔子; b 代表具生殖能力的大兔子

项的通项为 $a_n = a_{n-1} + a_{n-2}$ ，是递归式的形态。

此数列除了与大自然中生命繁衍相关，还与黄金比例有相关，斐波那契数列的数字到后面，会呈现特殊的比例性质：$\frac{a_n}{a_{n-1}} = 1.618$。而这个比例的数字恰巧与黄金比例的数值相等，所以黄金比例的确存在且在大自然中是一个神奇且重要的数字。

推导 $\frac{a_n}{a_{n-1}} = 1.618$，当 $n$ 趋近无限大，数列 $a_n = a_{n-1} + a_{n-2}$，相邻两项 $\frac{a_n}{a_{n-1}}$、$\frac{a_{n-1}}{a_{n-2}}$ 的比值会很接近。即 $\frac{a_n}{a_{n-1}} = \frac{a_{n-1}}{a_{n-2}} = x$。令 $\frac{a_{n-1}}{a_{n-2}} = x = \frac{rx}{r} \Rightarrow \begin{cases} a_{n-1} = rx \\ a_{n-2} = r \end{cases}$，又因 $a_n = a_{n-1} + a_{n-2}$，所以得到 $a_n = rx + r$。带入计算后：

$$\frac{a_n}{a_{n-1}} = \frac{a_{n-1}}{a_{n-2}} \Rightarrow \frac{rx+r}{rx} = \frac{rx}{r} \Rightarrow \frac{x+1}{x} = \frac{x}{1} \Rightarrow x = \frac{1+\sqrt{5}}{2} \Rightarrow x \approx 1.618$$

斐波那契数列除了与黄金比例有关，还与分形有关。观察兔子繁殖图，可从图21发现具有分形几何的自我相似性质，发现图案变化很规律，都是从s变m再变b，并且b下面会再连上一个s，根据这种变化不断重复；这是分形几何的自我相似性质，每一个区块都会看到相似的地方，每一种的延伸变化，都会再次出现，如同复制、粘贴。

而这正是在大自然中最常看到的现象，所以观察大自然，也是发现数学原理的过程。分形的图案有蕨类、树、向日葵、雪花、宇宙等的图案，我们身边到处都是自我相似的图案，处处充满黄金比例，处处是数学。

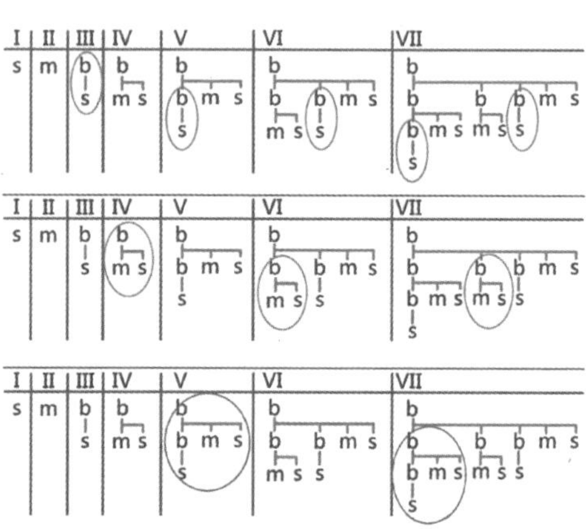

图 21 圈起来部分在区域内都是相同的

# 特殊的贝塞尔曲线

在微软系统中有个绘画工具。它是如何画出曲线的，它的原理是什么？我们先了解一下绘画工具是如何画曲线的吧。图中的曲线有号码顺序，0是起点、最大数值是终点、数字的顺序是方向，如图22。

1962年法国工程师皮埃尔·贝塞尔在设计汽车的曲线过程中发现，徒手绘制的曲线不理想，为了使车子看起更为自然平顺，并更具有美观性，他利用数学概念做出一个特别的曲线，称作贝塞尔曲线，如图23至图27。

一个控制点：$B(t)=(1-t)^2 P_0+2t(1-t)P_1+t^2 P_2$ ，$0 \leq t \leq 1$ ，如图23。

两个控制点：$B(t)=(1-t)^3 P_0+3t(1-t)^2 P_1+3t^2(1-t)P_2+t^3 P_3$ ，$0 \leq t \leq 1$ ，如图24。

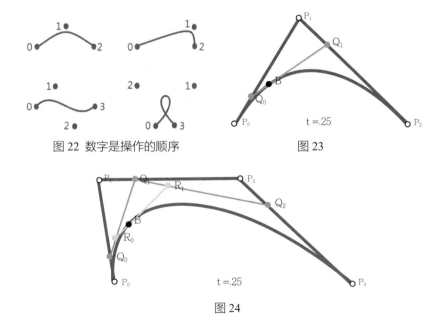

图 22 数字是操作的顺序

图 23

图 24

三个控制点，如图25。贝塞尔曲线可以做得相当复杂，可以有无限多个控制点。

　　还有我们常用的处理图片的软件Photoshop的钢笔工具就是利用贝塞尔曲线。我们使用的许多字体也有应用到贝塞尔曲线。所以数学可以描绘出许多更漂亮精致又自然的曲线。

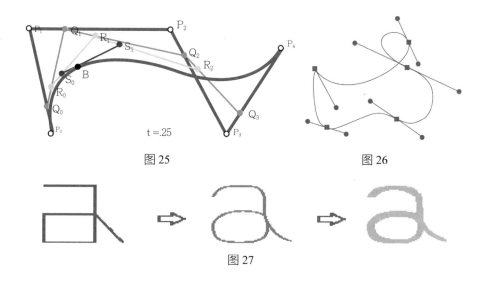

图 25

图 26

图 27

☑ 小博士解说

　　现在的电脑绘画、动画，要让影像更生动、更自然，都是利用数学方程式。

　　其中包括了移动、背景和风的细微影响、不同光源从不同角度的变化，这些如果靠人手绘制是相当困难的，但电脑却可以轻易完成。

# 数学的现代应用

## 质数可以干什么?

1. 可以拿来当一组密码,当两个很大的质数相乘,得到一组数字,再把那组数字发送给对方,对方可以利用对照表,得到这组数字背后的意思。比如,143=11×13,对方去查 11×13 代表的字或是句子,就有保密作用。我们现在常用的电脑压缩文件,也是利用这个方法工作的。

2. 生物研究发现,若使用杀虫剂的次数是质数,可达到最佳的杀虫效果。

3. 在使用飞弹、鱼雷的时间变化上,若间隔时间是质数,对方就不容易掌握发射的规律。

4. 齿轮咬合配对用质数组合,齿轮不容易损坏,如图 28。因为齿轮咬合不用质数组合的话,使用一段时间后,开始用最小公倍数重复规律咬合(类似天干地支),

图 28

我们可以看到它们的循环,是 1a、2b、3c、4d 周而复始咬合到的都会是一样的组别。如果 1 号特别硬,就会快速磨损 a 齿;而如果某一个齿有瑕疵,这样有瑕疵的齿就更容易被损坏,或是因为瑕疵的齿,使对应的零件容易损坏。我们选一个 4 齿、一个 5 齿,来看它们的组合:

| 1a、2b、3c、4d | 第一循环 |
| 1e、2a、3b、4c | 第二循环 |
| 1d、2e、3a、4b | 第三循环 |
| 1c、2d、3e、4a | 第四循环 |
| 1b、2c、3d、4e | 第五循环 |
| 1a、2b、3c、4d | 重复第一循环 |

这样我们就可以将磨损平均分担到每一齿上，而不是单独某一齿上，延长齿轮的使用时间。

## 如何找质数？

希腊数学家埃拉托斯特尼用"删去法找质数"，见表1至表4。

第一步：1是任何数的因数不是质数，删去。

第二步：从数字2开始，除2以外，把2的倍数上色，见表1。

第三步：数字3，除3以外，把3的倍数上色，见表2。

第四步：数字4已经被上色不处理，是2的倍数。数字5，除5以外，5的倍数都上色，见表3。以此类推，未上色的都是质数，被重复上色的是其他数的公倍数，见表4。

表1

| 1 | 2 | 3 | 4 | 5 | 6 | 7 | 8 | 9 |
|---|---|---|---|---|---|---|---|---|
| 11 | 12 | 13 | 14 | 15 | 16 | 17 | 18 | 19 |
| 21 | 22 | 23 | 24 | 25 | 26 | 27 | 28 | 29 |
| 31 | 32 | 33 | 34 | 35 | 36 | 37 | 38 | 39 |
| 41 | 42 | 43 | 44 | 45 | 46 | 47 | 48 | 49 |
| 51 | 52 | 53 | 54 | 55 | 56 | 57 | 58 | 59 |
| 61 | 62 | 63 | 64 | 65 | 66 | 67 | 68 | 69 |
| 71 | 72 | 73 | 74 | 75 | 76 | 77 | 78 | 79 |
| 81 | 82 | 83 | 84 | 85 | 86 | 87 | 88 | 89 |
| 91 | 92 | 93 | 94 | 95 | 96 | 97 | 98 | 99 |

表2

| 1 | 2 | 3 | 4 | 5 | 6 | 7 | 8 | 9 | 10 |
|---|---|---|---|---|---|---|---|---|---|
| 11 | 12 | 13 | 14 | 15 | 16 | 17 | 18 | 19 | 20 |
| 21 | 22 | 23 | 24 | 25 | 26 | 27 | 28 | 29 | 30 |
| 31 | 32 | 33 | 34 | 35 | 36 | 37 | 38 | 39 | 40 |
| 41 | 42 | 43 | 44 | 45 | 46 | 47 | 48 | 49 | 50 |
| 51 | 52 | 53 | 54 | 55 | 56 | 57 | 58 | 59 | 60 |
| 61 | 62 | 63 | 64 | 65 | 66 | 67 | 68 | 69 | 70 |
| 71 | 72 | 73 | 74 | 75 | 76 | 77 | 78 | 79 | 80 |
| 81 | 82 | 83 | 84 | 85 | 86 | 87 | 88 | 89 | 90 |
| 91 | 92 | 93 | 94 | 95 | 96 | 97 | 98 | 99 | 100 |

表3

| 1 | 2 | 3 | 4 | 5 | 6 | 7 | 8 | 9 | 10 |
|---|---|---|---|---|---|---|---|---|---|
| 11 | 12 | 13 | 14 | 15 | 16 | 17 | 18 | 19 | 20 |
| 21 | 22 | 23 | 24 | 25 | 26 | 27 | 28 | 29 | 30 |
| 31 | 32 | 33 | 34 | 35 | 36 | 37 | 38 | 39 | 40 |
| 41 | 42 | 43 | 44 | 45 | 46 | 47 | 48 | 49 | 50 |
| 51 | 52 | 53 | 54 | 55 | 56 | 57 | 58 | 59 | 60 |
| 61 | 62 | 63 | 64 | 65 | 66 | 67 | 68 | 69 | 70 |
| 71 | 72 | 73 | 74 | 75 | 76 | 77 | 78 | 79 | 80 |
| 81 | 82 | 83 | 84 | 85 | 86 | 87 | 88 | 89 | 90 |
| 91 | 92 | 93 | 94 | 95 | 96 | 97 | 98 | 99 | 100 |

表4

| 1 | 2 | 3 | 4 | 5 | 6 | 7 | 8 | 9 | 10 |
|---|---|---|---|---|---|---|---|---|---|
| 11 | 12 | 13 | 14 | 15 | 16 | 17 | 18 | 19 | 20 |
| 21 | 22 | 23 | 24 | 25 | 26 | 27 | 28 | 29 | 30 |
| 31 | 32 | 33 | 34 | 35 | 36 | 37 | 38 | 39 | 40 |
| 41 | 42 | 43 | 44 | 45 | 46 | 47 | 48 | 49 | 50 |
| 51 | 52 | 53 | 54 | 55 | 56 | 57 | 58 | 59 | 60 |
| 61 | 62 | 63 | 64 | 65 | 66 | 67 | 68 | 69 | 70 |
| 71 | 72 | 73 | 74 | 75 | 76 | 77 | 78 | 79 | 80 |
| 81 | 82 | 83 | 84 | 85 | 86 | 87 | 88 | 89 | 90 |
| 91 | 92 | 93 | 94 | 95 | 96 | 97 | 98 | 99 | 100 |

# 几何与危险的转弯视线死角

车子转弯时，后轮会经过的范围，就是转弯视线死角。此范围内不可有人，不然会发生危险。转弯视线死角的范围有多大，我们先思考车子转弯的原本位置与转弯后位置，如图29。有人认为此位置是安全的，如图30，但这是危险的，我们看车子的转弯连续图，如图31，可以发现人站的位置被压到了，这是为什么？因为一般人只考虑了前轮的问题，如图32。但在转弯时的车子经过的区域也与后轮有关，如图33。

所以右转车子经过区域与左前轮与右后轮有关，左转反之。看图可知道由外而内的第二环状区域就是危险范围，就是转弯视线死角。用圆形的图案可简单理解转弯视线死角的危险性。

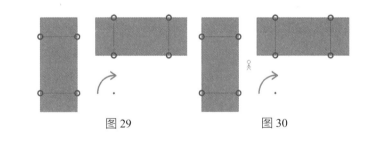

图 29          图 30

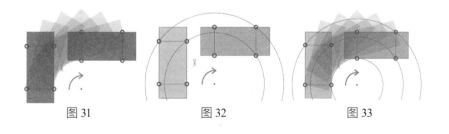

图 31          图 32          图 33

　　车子的视线死角不只是转弯时要注意，还有车体的高度带来的上对下的视线死角，更甚至是车子正后方，以及车体带来的视线的死角，即便是有后视镜，但对于驾驶员来说，还是有看不见的区域，见下图。如果人待在那个区域，很容易发生伤亡。所以我们要避开司机的视线死角，确保我们人身安全。

　　为了避免引发事故，已有人利用镜子与光的折射原理，消灭了汽车左前的死角。

　　未来我们或许可以利用数学几何与物理光学的结合成果，做出零视觉死角的汽车。

后面的死角　　　　车头　　　　上对下死角

# 几何与停车格、走道的大小

　　停车格与走道的大小怎么计算？首先要了解车子的转弯原则，它是靠前轮转动，后轮被带动，观察图34。可以发现转弯有两个圆形，而经过的区域就应该是停车格或是走道的部分，我们来观察经过区域有多大，如图35。我们必须利用这个概念来思考停车格与走道的大小，要注意最外圈与左车头有关、第二圈与左车尾有关、最内圈与右后轮有关，如图36。所以我们的停车格与走道最少必须能容纳这些覆盖区域，如图37。而路不一定能那么宽，有没有其他方式缩小走道宽度？答案是斜画停车格，如图38。至于倾斜几度则依据停车场的形状。用圆形的图案可简单理解如何规划停车格与走道的大小的原理。

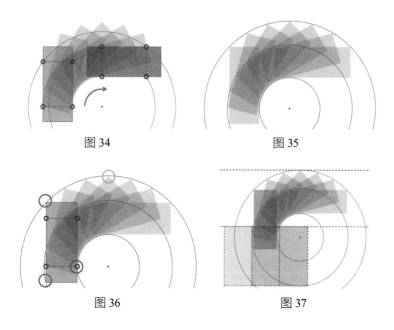

图34

图35

图36

图37

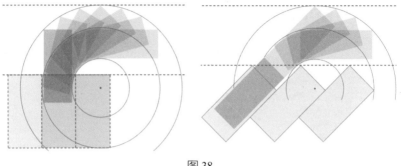

图38

## 小博士解说

　　车子与车子在行进间，有时为了超车而更换车道，但后车驾驶员的视线常被前车挡住，在此情况下，后车最好先拉大与前车的距离，得到更广的视野，以免更换车道后发现车道前方有障碍物等问题。加大与前车的距离得到更广的视野，这也是生活中运用数学几何的情形。

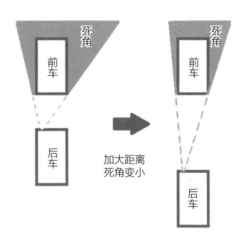

死角

前车

后车

加大距离
死角变小

死角

前车

后车

第八章

# 其他

不论是教师、学生，还是学者，若真要了解科学的力量和面貌，必要了解知识的现代面向是历史演进的结果。

**库朗（Richard Courant）**

（1888 — 1972），德裔美国数学家

一个干净的桌子是一个记号，代表脑袋空空的。花时间整理桌子，你是疯了吗？

**贺伯特·罗宾斯（Herbert Robbins）**

美国数学家、统计学家

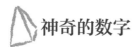

# 神奇的数字

在十进位中有很多有趣的数字巧合，很多很特别的数字规则是我们不曾接触过的。

## 黑洞数

黑洞数的意义：数字不完全相同，将数字由大到小排列减去由小到大排列，得到的差再重复上述操作，最后会固定在某个数。如：594，第一步f（594）=954-459 =495、第二步f（495）=954-459 =495，所以此三位数经过运算后会永远等于495，如同被黑洞吸住逃不出来所以得名"黑洞数"。

这种不可思议的数字其功用不知，但我们可以多了解数字的特殊性。但由于要找出此种数字太麻烦，所以并不容易计算，幸好现在可以利用电脑来找出此种特别的数字。

三位数的状况：有1个黑洞数，任何数为起点经运算后都会到495。

四位数的状况：有1个黑洞数，任何数为起点经运算后都会到6174。

如：9891为起点，第一步：f（9891）=9981-1899 =8082，第二步：f（8082）=8820-0288 =8532，第三步：f（8532）=8532-2358 =6174，第四步：f（6174）=7641-1467 =6174 终点。

如：1467为起点，f（1467）=7641-1467 =6174，f（6174）=7641-1467 =6174终点。

五位数的状况：没有黑洞数，但有2个五次循环、1个三次循环。

五次循环

71,973→83,952→74,943→62,964→71,973

82,962→75,933→63,954→61,974→82,962

三次循环

53,955→59,994→53,955

六位数的状况：有2个黑洞数及1个七次循环。

任何数为起点经运算后都会到631,764、549,945。

七次循环

420,876→851,742→750,843→840,852→860,832→862,632→642,654→420,876

七位数的状况：没有黑洞数，只有1个八次循环。

7,509,843→9,529,641→8,719,722→8,649,432→7,519,743→8,429,652→7,619,733→8,439,522→7,509,843

八位数的状况：有2个黑洞数63,317,664、97,508,421。

九位数的状况：有2个黑洞数554,999,445、864,197,532。

十位数的状况：有3个黑洞数6,333,176,664、9,753,086,421、9,975,084,201。


## 神奇的小数顺序

除此之外，数字还有哪些特别的情形呢？还有一个特别的分数：

$\dfrac{1}{998,001}$。哪里特别呢？看看它的小数情形$\dfrac{1}{998,001}=$

0. 000 001 002 003 004 005 006 007 008 009 010 011 012 013 014 015 016 017 018 019
020 021 022 023 024 025 026 027 028 029 030 031 032 033 034 035 036 037 038 039
040 041 042 043 044 045 046 047 048 049 050 051 052 053 054 055 056 057 058 059
060 061 062 063 064 065 066 067 068 069 070 071 072 073 074 075 076 077 078 079
080 081 082 083 084 085 086 087 088 089 090 091 092 093 094 095 096 097 098 099
100 101 102 103 104 105 106 107 108 109 110 111 112 113 114 115 116 117 118 119
120 121 122 123 124 125 126 127 128 129 130 131 132 133 134 135 136 137 138 139
140 141 142 143 144 145 146 147 148 149 150 151 152 153 154 155 156 157 158 159
160 161 162 163 164 165 166 167 168 169 170 171 172 173 174 175 176 177 178 179
180 181 182 183 184 185 186 187 188 189 190 191 192 193 194 195 196 197 198 199
200 201 202 203 204 205 206 207 208 209 210 211 212 213 214 215 216 217 218 219
220 221 222 223 224 225 226 227 228 229 230 231 232 233 234 235 236 237 238 239
240 241 242 243 244 245 246 247 248 249 250 251 252 253 254 255 256 257 258 259
260 261 262 263 264 265 266 267 268 269 270 271 272 273 274 275 276 277 278 279
280 281 282 283 284 285 286 287 288 289 290 291 292 293 294 295 296 297 298 299
300 301 302 303 304 305 306 307 308 309 310 311 312 313 314 315 316 317 318 319
320 321 322 323 324 325 326 327 328 329 330 331 332 333 334 335 336 337 338 339
340 341 342 343 344 345 346 347 348 349 350 351 352 353 354 355 356 357 358 359
360 361 362 363 364 365 366 367 368 369 370 371 372 373 374 375 376 377 378 379
380 381 382 383 384 385 386 387 388 389 390 391 392 393 394 395 396 397 398 399
400 401 402 403 404 405 406 407 408 409 410 411 412 413 414 415 416 417 418 419
420 421 422 423 424 425 426 427 428 429 430 431 432 433 434 435 436 437 438 439
440 441 442 443 444 445 446 447 448 449 450 451 452 453 454 455 456 457 458 459
460 461 462 463 464 465 466 467 468 469 470 471 472 473 474 475 476 477 478 ……

可以发现有一个神奇的三位一组的规律。那么有没有四位一组的规律呢？这就要我们再去找找了……

## 乘法规则

神奇的 123456789 与 9 倍数的乘法一：

| | | | | |
|---|---|---|---|---|
| 123,456,789 | × | 9 | = | 111,111,101 |
| 123,456,789 | × | 18 | = | 222,222,202 |
| 123,456,789 | × | 27 | = | 333,333,303 |
| 123,456,789 | × | 36 | = | 444,444,404 |
| 123,456,789 | × | 45 | = | 555,555,505 |
| 123,456,789 | × | 54 | = | 666,666,606 |
| 123,456,789 | × | 63 | = | 777,777,707 |
| 123,456,789 | × | 72 | = | 888,888,808 |
| 123,456,789 | × | 81 | = | 999,999,909 |

得到的都是前7位是连续一样的数字。

神奇的 123456789 与 9 倍数的乘法二：

| | | | | | | |
|---:|:---:|:---:|:---:|:---:|:---:|---|
| 0 | × | 9 | + | 1 | = | 1 |
| 1 | × | 9 | + | 2 | = | 11 |
| 12 | × | 9 | + | 3 | = | 111 |
| 123 | × | 9 | + | 4 | = | 1,111 |
| 1,234 | × | 9 | + | 5 | = | 11,111 |
| 12,345 | × | 9 | + | 6 | = | 111,111 |
| 123,456 | × | 9 | + | 7 | = | 1,111,111 |
| 1,234,567 | × | 9 | + | 8 | = | 11,111,111 |
| 12,345,678 | × | 9 | + | 9 | = | 111,111,111 |
| 123,456,789 | × | 9 | + | 10 | = | 1,111,111,111 |

得到的都是"1"。

神奇的 123456789 与 8 的乘法：

| | | | | | | |
|---:|:---:|:---:|:---:|:---:|:---:|---|
| 1 | × | 8 | + | 1 | = | 9 |
| 12 | × | 8 | + | 2 | = | 98 |
| 123 | × | 8 | + | 3 | = | 987 |
| 1,234 | × | 8 | + | 4 | = | 9,876 |
| 12,345 | × | 8 | + | 5 | = | 98,765 |
| 123,456 | × | 8 | + | 6 | = | 987,654 |
| 1,234,567 | × | 8 | + | 7 | = | 9,876,543 |
| 12,345,678 | × | 8 | + | 8 | = | 98,765,432 |
| 123,456,789 | × | 8 | + | 9 | = | 987,654,321 |

可以看到结果有逆序性。

神奇的 9 与 8：

| | | | | | | |
|---:|:---:|:---:|:---:|:---:|:---:|---|
| 0 | × | 9 | + | 8 | = | 8 |
| 9 | × | 9 | + | 7 | = | 88 |
| 98 | × | 9 | + | 6 | = | 888 |
| 987 | × | 9 | + | 5 | = | 8,888 |
| 9,876 | × | 9 | + | 4 | = | 88,888 |
| 98,765 | × | 9 | + | 3 | = | 888,888 |
| 987,654 | × | 9 | + | 2 | = | 8,888,888 |
| 9,876,543 | × | 9 | + | 1 | = | 88,888,888 |
| 98,765,432 | × | 9 | + | 0 | = | 888,888,888 |
| 987,654,321 | × | 9 | + | （-1） | = | 8,888,888,888 |
| 9,876,543,210 | × | 9 | + | （-2） | = | 88,888,888,888 |

得到的都是"8"。

神奇的平方：

| | | | | | | |
|---:|---|---:|---|---|---:|
| 1 | × | 1 | = | 1 |
| 11 | × | 11 | = | 121 |
| 111 | × | 111 | = | 12,321 |
| 1,111 | × | 1111 | = | 1,234,321 |
| 11,111 | × | 11111 | = | 123,454,321 |
| 111,111 | × | 111111 | = | 12,345,654,321 |
| 1,111,111 | × | 1111111 | = | 1,234,567,654,321 |
| 11,111,111 | × | 11111111 | = | 123,456,787,654,321 |
| 111,111,111 | × | 111111111 | = | 12,345,678,987,654,321 |

得到的数是像金字塔般的数字排列。

神奇的 142857 的循环

| | | | | |
|---:|---|---:|---|---:|
| 142,857 | × | 1 | = | 142,857 |
| 142,857 | × | 2 | = | 285,714 |
| 142,857 | × | 3 | = | 428,571 |
| 142,857 | × | 4 | = | 571,428 |
| 142,857 | × | 5 | = | 714,285 |
| 142,857 | × | 6 | = | 857,142 |
| 142,857 | × | 7 | = | 999,999 |

可以看到一直到乘以7才结束=142,857的循环。

以上都是神奇的数字，在数学领域中还有更多有趣又特别的事等着我们去发现。

# 等周问题：一张牛皮能围的最大土地面积

　　等周问题的意思是在周长相等的时候，什么图案会得到最大的面积？看看下面的故事——一张牛皮围起来的山。相传，一个逃亡的人名叫狄多，到达了非洲北海岸，想买一块土地当自己的家园，原本对方不答应，但狄多要求一张牛皮能围起来的土地就好，对方心想应该也不大，于是答应了。但狄多把牛皮切成细条接起来，围起了一座山，而这个图形是圆形。想一想为什么狄多选择以圆形的方式来围绕这个山呢？因为他知道周长固定时，圆形面积最大。

　　每当讨论等周问题的答案是圆形时，有人归功于神话的缘故。数学家对此感到不舒服。数学家认为有关数学的事情，都应该能用数学来解释，不需要用其他外力来描述，并为此提出了一串的证明。得到了：

　　1.周长（长度）与面积，没有直接关系。

　　2.在固定周长时最大面积的图形：如果不限制图形，则最大面积的图形为"圆形"；如果限制是矩形，则最大面积的图形为"正方形"。在数学家还没提出这个结论前，常有无知的人认为城墙越长、土地面积越大。所以就有愚弄人的投机商人，拿周长长但面积小的土地，换取周长较短但面积大的土地。例如：拿周长30、长13、宽2、土地面积26的矩形，换取周长24、长6、宽6、土地面积36的矩形。这人竟然还获得了"超级诚实"的赞誉。

　　数学家如何来处理等周问题

　　第一步：

　　以周长20为例，如果是矩形，假设长是$x$，宽是$10-x$，面积 $=x(10-x)$，配方法得到面积 $=-(x-5)^2+25$，所以在$x=5$的时候，

得到最大值面积 =25。

第二步：

如果是平行四边形呢？看图形答案就能显而易见了，相同周长时把正方形弄歪，就是平行四边形。平行四边形随着高变小面积就变小，一定比正方形面积小，如图1。

第三步：

四边形中可以发现用正方形，那三角形呢？见图2与表1，证明要借助海伦定理：三角形面积 $=\sqrt{s(s-a)(s-b)(s-c)}$，计算三角形面积。

$a$、$b$、$c$为三角形各个边长，$s$是周长一半，$s=\dfrac{a+b+c}{2}$。如果固定周长，只要（$s-a$）（$s-b$）（$s-c$）相乘数字是最大，面积就是最大，那 $a$、$b$、$c$ 应该是怎样的关系，那是不是正三角形呢？计算结果的确是 $a=b=c$，这里不多说证明过程。

第四步：

30是正三角形的周长，面积是43.3；30是正方形的周长，则边

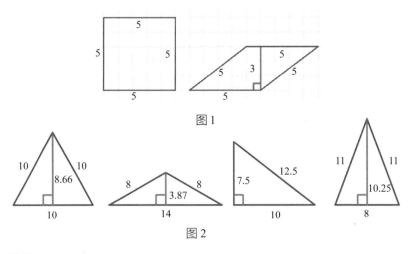

图 1

图 2

表1

|  | 正三角形 | 钝角三角形 | 直角三角形 | 锐角三角形 |
|---|---|---|---|---|
| 面积 | 43.3 | 27.09 | 37.5 | 41 |

长是7.5，所以面积是56.25。推理，周长一样的正多边形，边数越多的正多边形面积越大。周长一样时，正三角形面积＜正方形面积＜正五边形面积＜正六边形面积……

第五步：

当正多边形的边数越多，假设是正1000边形，它已经很接近圆形了。猜测周长相等时，面积最大的是圆形，对吗？事实上我们圆形的面积，也是用正多边形去推算，结论的确是圆形。

## 结论

固定周长时，圆形的确是最大的面积。如果是矩形（长方形），固定周长时，正方形会是最大面积。反过来说，固定面积时，正方形周长最小。

马路上的下水道井盖不是长方形就是圆形，想想看是为什么？

1. 人体横切面比较像椭圆，圆形井盖方便人通过。

2. 相同大小的面积，周长最小，可以省边框材料，要省成本从边框下手。一个盖，一个是压在底下的边框。

3. 移动时方便，可以滚动。

4. 被车子压到时，圆形受力平均，压到时翘起一边不至于压弯，长方形就相对容易压弯。

5. 使用长方井盖应该是早期施工时没想到圆形的便利性。也可能是圆形制作上难度较大，长方形相对容易，同时长方形有黄金比例，相较之下长方形较好看。

有时两人腰围数字一样，但是看起来一个比较胖、一个比较瘦，这到底是为什么？

有人说是圆身、扁身的关系，是什么意思？这句话说的是我们身体横切面的形状，圆身代表横切面是圆形，扁身代表是横切面是比较扁的圆形，也就是椭圆形。但胖瘦跟圆形与椭圆形有什么关系，这也是等周问题？基本上来说在同样的周长下，圆形可以得到最大的面积，椭圆在与圆形周长一样的情形下，面积不会比圆形大。用橡皮筋来说明，圆形逐渐被拉长到变成一条线时面积会变0，如图3。很明显地，在周长不变的情形下，圆形到椭圆面积在不断变小。面积小体积就小，所以看起来瘦；面积大体积就大，故看起来胖。在拉扁过程中，面积不断地变小。换成身材：圆身的人，身体前胸到后背比较厚，所以较厚实，看起来比较壮或胖；扁身的人，身体前胸到后背比较薄，所以较单薄，看起来是"纸片人"。

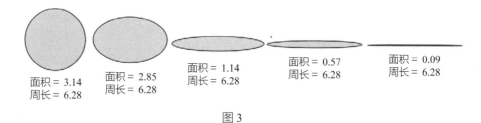

图3

面积 = 3.14
周长 = 6.28

面积 = 2.85
周长 = 6.28

面积 = 1.14
周长 = 6.28

面积 = 0.57
周长 = 6.28

面积 = 0.09
周长 = 6.28

# 夕阳为何会加速下落?

夕阳为何那么短暂,最后感觉还有一段距离才下山,却常常一瞬间就落下了?观察太阳圆弧轨迹示意图,依照地球自转的角度,如图4。

以地球为固定点观察太阳的移动,太阳每转动一度所花时间是一样的,因为地球自转,所以太阳的位置会呈现圆弧的感觉。对于我们来说,太阳在越靠近中午的时候,我们在地球上感觉高度变动不大,但是过了下午3点,就感觉它降落得特别快。尤其是夕阳常常在短短的1分钟内"掉"下去。

图5是一个圆弧与一个点,圆弧是太阳光的轨迹,点代表人。假设当天12点太阳光轨迹是在90°,6点是0°,18点是180°。

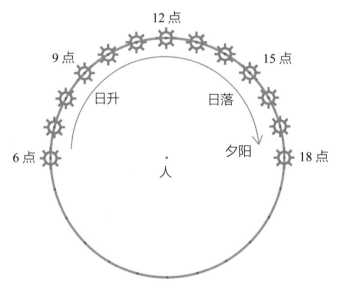

图 4 圆心与圆周上每一个点连线,就是人与太阳的位置连线

从图6可以看到一段圆弧、一条折线，每次在线转折后，会在圆弧上留下点，每点时间间隔都是一样的，但是我们可以发现横线变短，而直线变长，而直线就是高度的距离，直线越长，就代表太阳降下去越多。过了中午12点之后，就越降越快，如同滚雪球下山一样，越滚越快，越滚越大。

这是看大范围的时间，以此类推小范围，把时间切成无数份，用分钟为单位，下一分钟比上一分钟，下降得更多。

因为下降多所以感觉速度加快。所以在最后一分钟的时候，感觉夕阳西下速度加快了。这是错误感觉，其实这只是角度问题，太阳下降的速度并没有加快。因为在圆弧中，感觉太阳下降速度加快是在同样弧度下，掉落距离变大的缘故。

太阳升起也是同样的道理，开始升得很快，渐渐变慢，一直到正午，再开始降落。月亮也是同样的道理。在地球上观察太阳的位置，是个接近圆的弧线，所以用圆形来解释，有助于我们理解。

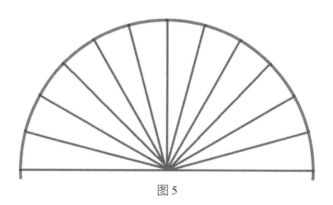

图 5

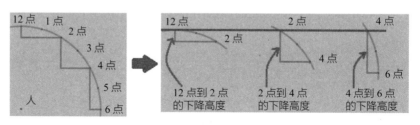

图 6

## 小博士解说

日出或日落时，太阳为什么看起来特别大，并且天空中是红色为主？主要是因为阳光被空气中的尘埃、其他固体的气溶胶、液体的气溶胶散射造成的太阳周围晕开一圈绚丽的光环，而气溶胶中主要可以通过红光和黄光。

日落时的太阳色彩通常比日出时更加绚丽，是因为黄昏时的空气中有着比日出时更多的气溶胶微粒。日出的空气中的灰尘经过一夜的沉淀，气溶胶等微粒在空气中变少，散射数量减少，所以日落时的太阳色彩通常比日出时更加绚丽。

# 为什么入射角＝反射角？

在生活中我们可以发现，台球的碰撞具有入射角等于反射角的现象，光的反射也具有相同的现象，如图7，这在自然界中是很常见的现象，所以物理学将它当作是人的直觉。但站在数学家的角度，却不完全认同这种说法。数学家发现此路线是A点反弹到B点的最短距离。并且假设反弹路径要找出最短距离，经证明后只能是入射角等于反射角，证明请看图8至图13。

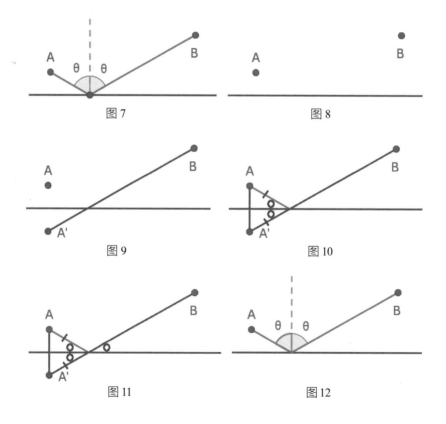

图 7

图 8

图 9

图 10

图 11

图 12

启蒙时期大多数有宗教信仰的西方数学家、科学家依据入射角等于反射角的事实认为，上帝决定的这个性质必定有其意义。

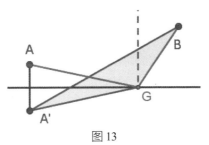

图 13

西方数学家相信上帝是用数学来创造这个世界的，上帝让物体的移动在两点的移动时走最短距离（直线），同样地不会让反弹走"非最短距离"，所以才会选最短的路线，而此最短路线的数学假设，会推导出入射角等于反射角的结论。

这坚定了西方数学家的信念：上帝是用数学来创造这个世界的，所以人类可以用数学来了解自然。

为什么"路线是最短距离"，则入射角等于反射角？

假设路线是最短距离：

1.有两点在线的同一侧，如图 8。

2.作 A 点的对称点 A'，并连线 A' 与 B，这是 A' 到 B 的最短距离，如图 9。

3.因为对称，所以全等，故角相等、边长相等，所以 A 到线反弹到 B 也是最短距离，如图 10。

4.图中对顶角相等，如图 11。

5.作法线后可发现入射角等于反射角，如图 12。

6.如果入射角不等于反射角时，观察图案，可发现任两边和大于第三边，不是最短距离，如图 13。

所以路线是最短距离，则入射角等于反射角。

乘法、除法直式由来

乘、除法直式怎么来的？为什么除法由左向右？乘法、除法直式利用的是分配率的概念。先看一位数乘一位数，并没有特别的地方，就是九九乘法表。用图解的方式说明乘法直式的由来：利用长方形的面积计算方式，如图14。

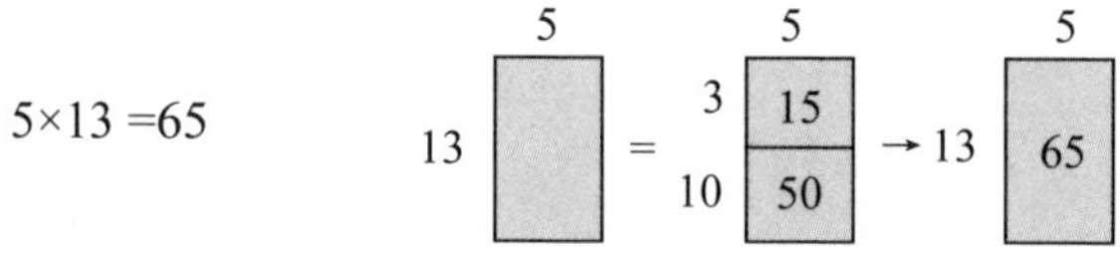

$$5 \times 13 = 65$$

图 14

乘法直式省略0的由来：二位数乘一位数。

把直式乘法用分配律来表示横式乘法，即可知道直式乘法省略0的由来，见表2。

表2　0加起来后不影响数字，所以把0省略

| 横式 | 乘个位 | 乘十位 | 合并 | 直式 |
|---|---|---|---|---|
| 13×5<br>=(3+10)×5<br>=3×5+10×5<br>=15+50 | 3<br>×　5<br>―――<br>15 | 1 0<br>×　　5<br>―――<br>5 0 | 1 5<br>+　5 0<br>―――<br>6 5 | 1 3<br>×　　5<br>―――<br>1 5<br>　5<br>―――<br>6 5 |

除法直式由来：除法直式为什么由大到小（由左向右）？除法是连续减法，直式同样也是利用分配律，我们先来看看题目，大致

上是利用乘法的反推，见表3至表5。

## 表3　一位数的除法

| 整除情形 | 整除直式除法 | 有余数情形 | 余数直式除法 |
|---|---|---|---|
| $6 \div 2 = ?$ <br> $6 \underbrace{-2-2-2}_{3 次} = 0$ <br> $6 - (2 \times 3) = 0$ <br> 6 可以减 2，减 3 次 <br> $6 \div 2 = 3$ | $\begin{array}{r} 3 \\ 2\overline{)6} \\ \underline{6} \\ 0 \end{array}$ | $7 \div 2 = ?$ <br> $7 - 2 - 2 - 2 = 1$ <br> $7 - (2 \times 3) = \underset{余数}{1}$ <br> $7 = 2 \times 3 + \underset{余数}{1}$ | $\begin{array}{r} 3 \\ 2\overline{)7} \\ \underline{6} \\ 1 \end{array}$ |

## 表4　整除情形

| | |
|---|---|
| 如果今天有 246 元要分给两个人 | $\begin{array}{r} 1 \\ 2\overline{)246} \\ \underline{2} \end{array}$ $\quad$ $\begin{array}{r} 1\,2 \\ 2\overline{)246} \\ \underline{2} \\ 4 \\ \underline{4} \end{array}$ $\quad$ $\begin{array}{r} 1\,2\,3 \\ 2\overline{)246} \\ \underline{2} \\ 4 \\ \underline{4} \\ 6 \\ \underline{6} \\ 0 \end{array}$ |
| 快捷做法应该从最大的钞票开始分 <br> <u>每人各拿 1 张 100 元</u>，2 人共拿去 2 个 | |
| 有 4 个 10 元，继续分 <br> <u>每人各拿 2 个 10 元</u>，2 人共拿去 4 个 | |
| 有 6 个 1 元，继续分 <br> <u>每人各拿 3 个 1 元</u>，剩 0 元，刚好分完 | |

所以每人有　　$1 \times 100 + 2 \times 10 + 3 \times 1 = 100 + 20 + 3 = 123$

看横式　　$246 \div 2 = (200 + 40 + 6) \div 2 = \dfrac{200 + 40 + 6}{2} = \dfrac{200}{2} + \dfrac{40}{2} + \dfrac{6}{2}$

　　　　　　$= 100 + 20 + 3$　　可以看到各分得几个 100 元、几个 10 元、几个 1 元
　　　　　　$= 123$

表 5　有余数情形

| 如果今天有 526 元分给 3 个人，有 5 张 100 元、2 个 10 元、6 个 1 元，应该怎么分最快？一人可拿多少？ | $\begin{array}{r}1\phantom{00}\\3\overline{)526}\\3\phantom{00}\\\hline 2\phantom{00}\end{array}$　$\begin{array}{r}17\phantom{0}\\3\overline{)526}\\3\phantom{00}\\\hline 22\phantom{0}\\21\phantom{0}\\\hline 1\phantom{0}\end{array}$　$\begin{array}{r}175\\3\overline{)526}\\3\phantom{00}\\\hline 22\phantom{0}\\21\phantom{0}\\\hline 16\\15\\\hline 1\end{array}$ |
|---|---|
| 快捷做法应该从最大的钞票开始分，每人各拿 1 张 100 元，3 人共拿去 3 张，剩 2 张 100 元 | |
| 将 2 张 100 换 20 个 10 元，原本有 2 个 10 元，变成 22 个 10 元，再继续分，每人拿 7 个 10 元，3 人共拿去 21 个，剩 1 个 10 元 | |
| 将 1 个 10 元换成 10 个 1 元，原本有 5 个 1 元，变成 16 个 1 元，再继续分，每人拿 5 个 1 元，3 人共拿去 15 个，剩 1 元 | |
| 所以每人有 $1 \times 100 + 7 \times 10 + 5 \times 1 = 100 + 70 + 5 = 175$，剩 1 元 | |

看横式　$526 \div 3 = (500 + 20 + 6) \div 3 = \dfrac{500 + 20 + 6}{3} = \dfrac{500}{3} + \dfrac{20}{3} + \dfrac{6}{3}$

$\quad = \left(\dfrac{300}{3} + \dfrac{200}{3}\right) + \dfrac{20}{3} + \dfrac{6}{3}$　可以分的分, 不能分的给后项

$\quad = \dfrac{300}{3} + \dfrac{220}{3} + \dfrac{6}{3} = \dfrac{300}{3} + \left(\dfrac{210}{3} + \dfrac{10}{3}\right) + \dfrac{6}{3} = \dfrac{300}{3} + \dfrac{210}{3} + \dfrac{16}{3}$　分开算

$\quad = 100 + 70 + 5 + \dfrac{1}{3} \Rightarrow$ 每人 175, 剩 1 元

　　而更多位数除法也是一样的方法。当然横式看起来很奇怪，但可以帮助我们理解直式的由来。了解乘除法直式的由来后就不会有计算上的疑问。

# 为什么$y=\frac{1}{x}$是曲线？

　　这是一个充满想象力的图形，把函数所能找到的点，两点相连是一段直线，所以把很多点连起来的图形，都是一段一段的直线，此时函数是折线图。当我们找到的点越多越密的时候，折线图会越贴近曲线，但这时$y=\frac{1}{x}$还是折线图，那为什么说$y=\frac{1}{x}$是曲线？

　　已知两点之间会有无限多的点，可以不断地平分下去，把想象力放大，找出无限多的中点。不管是有理数还是无理数，都有无限多的点。每两点相差的距离越来越小，所以这两点$y$值非常贴近，图15离曲线还有一段差距，而图16就非常接近了。换句话说，当折线无限多时，每一个折线都很短，整体越来越平滑，就贴近曲线了。由图可知，两点之间的直线，会越来越贴近曲线，但直线终究不是曲线。

　　任两点之间，都可以继续找到中间一点，使得这直线不断凹陷下去，它会逐渐变成不是直线，也不是一段一段的折线，而是一条曲线，如图17。所以无限多的很短的折线就是曲线。

　　同时，圆就是一条曲线，利用割圆法，越切越细，可以反过来看成好多好多直线，如图18。可以分成好多折线去逼近它，同样没

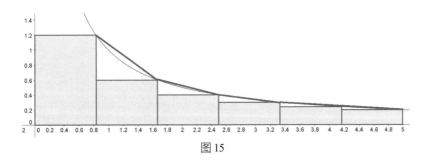

图15

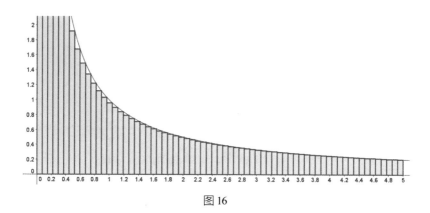

图 16

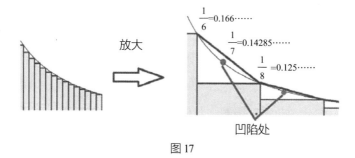

放大

$\dfrac{1}{6}=0.166\cdots\cdots$

$\dfrac{1}{7}=0.14285\cdots\cdots$

$\dfrac{1}{8}=0.125\cdots\cdots$

凹陷处

图 17

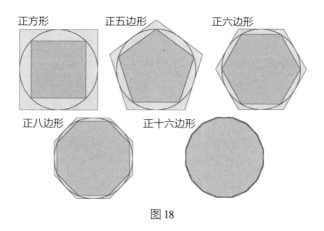

正方形　　　正五边形　　　正六边形

正八边形　　　正十六边形

图 18

有极限，可以无限分割下去，也可以说圆形是一个正多边形，只是圆形的边数无限多。所以曲线与无限折线有类似的关系，无限多的极短折线的组合会趋近曲线。

因此可理解折线会无限下凹靠近曲线，而真实曲线可以做出无穷折线靠近曲线。所以做出一个往内逼近的无限折线就是曲线，而不是一段段的折线；故 $y = \dfrac{1}{x}$ 是曲线。

☑ 小博士解说

一般来说，两点之间最短的距离就是连接两点的直线段。但在宇宙空间中，两点之间最短的距离未必是连接两点的一条直线。在爱因斯坦的相对论中，两点之间的最短距离因受重力影响，变成一条曲线，称为Geodesic（测地线）。也可想象成球面上的两点的最短距离，而这也是非欧几里得几何的一种。依据相对论，在真实的自然界中，非欧几里得几何比欧几里得几何更为常见。欧几里得几何只能应用到平面和立体几何中，比如地球表面。

# 光年的意义

　　光年这名词好抽象，到底是什么意思呢？我们常看到，新闻常说发现新的星星距离地球几光年，所以我们可以知道光年应该是一个距离，不是速度，那具体来说到底有多远？"光年"，顾名思义是光走一年的意思，那么光年到底是多长？或许有人知道光1秒可绕地球七圈半，如图19，但是我们也不知道地球一圈是多长，无法知道光1秒的速度是多少。光的速度是由爱因斯坦计算出来的，光1秒的速度为299,792,458米，约299,792千米，再粗略一点就是光1秒大约走30万千米！一年有31,536,000秒，所以一光年是光走946,080,000万千米，约是9.46万亿千米，多么遥远的距离！那距离我们几光年的行星，有适合人类生存的可能吗？人类目前为止甚至还无法到达它。

　　以超音速飞机的速度来计算要花多久才能到达距离地球一光年远的行星呢？飞机速度单位用马赫[1]表示，为了方便计算，假设太空飞船在太空速度可以到达每秒3000米（约是8.8马赫）[2]，所以光走一秒，太空飞船要走10万秒，所以光走一年，这太空飞船要走10万年，如图20。

　　讨论光年，实在是太过遥远，为什么我们要去讨论这遥不可及的星星，讨论外星移居这似乎不可能的话题呢？换角度想，现有科技连太阳系内，甚至是地球本身都无法完全探勘，那为什么要讨论光年呢？难道是因为担心外星人入侵，如果外星人的科技可以跨越光年，那么我们怎么抵挡都无效，那为什么还要去观察哪里有新的

---

① 马赫的速度与声音的速度相同，也就是1马赫为1秒走340.3米。

② 实际上太空飞船的速度约为1小时4800千米，也就是1秒1333米。

星星呢?

　　事实上，观测科技与运输工具科技本就是不等速成长的两种科技，早在有望远镜的年代，人们可以看到的高山和海外小岛，人们也不见得有办法到达那些地方，只能等待未来运输业的突破，而现在的观测是研究星体之间的关系与轨迹，或是预测太空陨石是否有侵袭地球的可能。我们的运输科技正在努力突破限制，或许在不久后的将来，人类就能到达以光年为单位的外星球了。

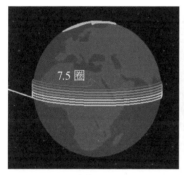

图 19

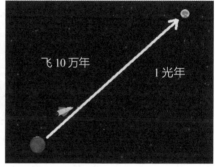

图 20

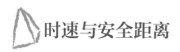# 时速与安全距离

现在手机与平板电脑非常普及，催生大量"低头族"，甚至连开车也有人在"低头"，这到底有多危险？这要了解时速。时速是一小时可以走的距离。很多人只知道时速80千米比60千米快，无法具体知道增加了多少危险，以及需要提前多少时间来躲过危险，见表6。可以看到汽车时速60千米时1秒就可移动16.7米，如果低头3秒几乎滑行50米，而这50米内如果有人的话悲剧就发生了，所以不可以边开车边玩手机或平板电脑！

把时速换秒速会怎样？比如说，两台车以时速120千米相撞，换成两台车以秒速33.3米相撞，哪个危险？数字大看起来危险吗？其实是相同的，但大家实际上还是经常会超速驾驶。数字只是抽象意义，重要的是人会不会看到数字背后隐藏的危险性。

当然不管是时速几千米还是秒速几米，都不能确定安全距离，也就无法躲避危险，所以不管是怎样的速度单位都没有意义。开车久了，可以知道这段距离约是几个车身。以时速40千米为例，恍神1秒会跑出去约11米，也就是约3个车身（一个车身约为4米），有了这样的认知我们就能判断危险，来注意安全。

而我们唯一能做的是开车慢点，不要分心。

表6　低头开车的危险性，低头或是恍神1秒、2秒、3秒的滑行距离（米）

|  | 1秒距离 | 2秒距离 | 3秒距离 |
|---|---|---|---|
| 时速 40 千米 | 11.1 | 22.2 | 33.3 |
| 时速 50 千米 | 13.9 | 27.8 | 41.7 |
| 时速 60 千米 | 16.7 | 33.3 | 50.0 |
| 时速 70 千米 | 19.4 | 38.9 | 58.3 |

不可思议的数学：必须知道的50个数学知识

|  | 1秒距离 | 2秒距离 | 3秒距离 |
|---|---|---|---|
| 时速80千米 | 22.2 | 44.4 | 66.7 |
| 时速90千米 | 25.0 | 50.0 | 75.0 |
| 时速100千米 | 27.8 | 55.6 | 83.3 |
| 时速110千米 | 30.6 | 61.1 | 91.7 |
| 时速120千米 | 33.3 | 66.7 | 100.0 |

知识补充站

1.市区限速也是同样的道理，考虑到轮胎与地面的摩擦系数，以及司机反应时间等因素，制定出各道路的最快速度。铁路安全杆的降落速度与时间也都是利用类似概念。

2.我们常用的距离单位是千米，我们常用的时间单位是小时，所以速度单位就用时速是几千米来表达。

3.考虑到下雨路滑或路面潮湿，浓雾、强风等气候欠佳状况，夜间行驶及下坡路段、隧道内、高速公路、汽车爆胎等特殊状况较易发生，行车需保持一定的安全距离，才有足够的时间来应对突发状况，安全距离依具体情况改变。

1.《中华人民共和国道路交通安全法》第四十三条规定：同车道行驶的机动车，后车应与前车保持"足以采取紧急制动措施"的安全距离。其中交管部门对"足以采取措施"中的"足以"是这样解释的：同一车道的后车与前车必须保持足够的行车间距。当机动车时速为60千米，行车间距应为60米以上；当时速为80千米时，行车间距为80米以上，以此类推。

2.遇到雪天、雨天或路面结冰等情况更应增加安全距离，再加上驾驶员的反应时间，时速60千米至少要保持80米车距，时速80千米至少要保持100米车距。

# 为什么三角形内角和都是180度?

在我们小学阶段，知道圆形的角是360度，直角是90度，平角是180度。而三角形的3个角可以拼成一个平角，所以三角形内角和都是180度，如图21。但是三角形内角和是180度的详细证明是什么？我们以图形来讲解，我们把三角形分为三大类：直角、锐角、钝角三角形。

直角三角形

长方形沿对角线对切一半，可观察到底一样、高一样，对切下来的两个三角形面积一样大，所以明显看出直角三角形是长方形内角和的一半，长方形有4个直角，所以直角三角形相当于有2个直角，如图22。

锐角三角形

图23中，图形可以拆开成2个长方形。所以内角和是2个长方形

图21 剪贴后为平角

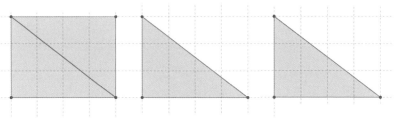

图22 直角三角形

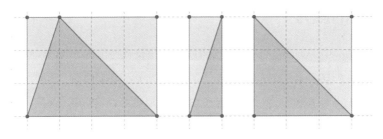

图 23 锐角三角形

内角和的一半，就是一个长方形的内角和。长方形的内角和是4个直角。由于拆开关系，多算了2个直角，见图24。所以要算出三角形内角和要减去多的2个直角。长方形的内角和减2个直角＝4个直角减2个直

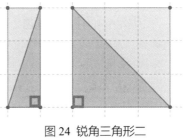

图 24 锐角三角形二

角＝2个直角，2个直角＝长方形内角和的一半＝锐角三角形内角和，所以锐角三角形内角和是长方形内角和的一半。

钝角三角形

将钝角三角形旋转一下，内角和原理就跟锐角三角形一样。钝角三角形内角和是长方形内角和的一半，如图25。

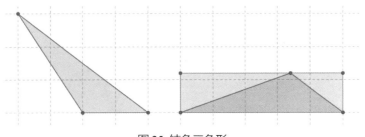

图25 钝角三角形

## 结论

所以可知，所有的三角形的内角和，都是长方形的内角和的一半，都是2个直角，所以三角形内角和是180度。

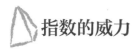

# 指数的威力

## 生活中的指数问题

### "老鼠会"增加成员

近40年来，有一种新型销售形式，即商品不经过商家，是由厂商直接给会员让他们自行贩卖，而收益就是贩卖商品的价格乘上比例。当会员向别人售货时，也可将购买者拉进销售者行列，成为自己的下线，自己变成上线，而下线贩卖的商品价格乘上比例，这部分也是上线的薪水。而下线的下线也有部分收益是自己的，这样反复执行，各家依比例不同获取利益，这样的组织被称为"老鼠会"。因为这样的组织是希望越来越多的人加入，一起当销售者，形成"良性循环"。

如：假设最开始的人，找了两个下线，这两个下线再找两个，那每个人都卖3万，上线的薪水是自己销售额的10%，并可向下抽3层，每层抽10%，组成自己的薪水，薪水结构如图26。

可发现金字塔顶端的人可以收15个3万的10% = 4.5万，但其实自己只做了3万的销售，而其他的销售是下线指数两倍成

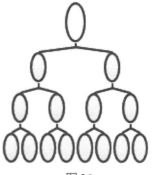

图26

长做出来的。比起普通上班族每月的固定薪水，"老鼠会"的指数成长薪水会来得比较多。虽然也不是每个人都能成功，但我们仍可以由此可知指数成长速度远大于倍数成长速度。

米换猪肉

这是在中国台湾曾发生的真实故事。米商用米与猪肉商交换猪肉，彼此约定第一天1粒米换10台斤[①]猪肉、第二天2粒米换10台斤猪肉、第三天4粒米换10台斤猪肉、第四天8粒米换10台斤猪肉，每天米粒数乘2，猪肉不变，持续30天。

米商觉得有利可图，答应交换。为了保证这项交易的公信力，双方找保证人签订交换契约。但签订后，米商再次计算，发现30天后要付出536,870,092粒米，换算重量近32,768台斤，按当时价格算相当于12万元。而猪肉30天后才300台斤，按当时价格相当于6600元，相差近乎20倍！米商愤而提告，但是这个交易由于出于自愿，而且米商经手卖米多年，不可能不知道计算中间差价的问题，所以被判败诉，米商因小失大。我们由此可知指数成长速度远大于倍数成长速度。

做事不可一曝十寒

我们常听人说读书必须持之以恒，如果不天天读书学习就会忘记知识，学习如逆水行舟不进则退。那么这句话到底有没有道理呢？我们假设每天进步与退步都是1%，事实上退步比较多。我们参考图27、表7就知道退步是比进步快的。这告诉我们做任何事不可以一曝十寒，需要多多练习。

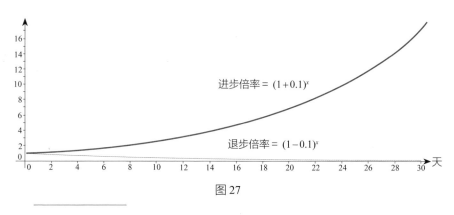

进步倍率 $= (1+0.1)^x$

退步倍率 $= (1-0.1)^x$

图27

① 台斤：是清朝时全国使用的重量单位"斤"，1台斤约等于596.8克。

**表 7 假设一个人每天进步与退步都是 10%**

| |
|---|
| 每天进步 10%, 所以 7 天后是 $1 \times (1+10\%)^7 = 1.9487$, 进步快要两倍<br>每天退步 10%, 所以 7 天后是 $1 \times (1-10\%)^7 = 0.4783$, 退步超过两倍 |
| 每天进步 10%, 所以 15 天后是 $1 \times (1+10\%)^{15} = 4.1772$, 进步要 4 倍多<br>每天退步 10%, 所以 15 天后是 $1 \times (1-10\%)^{15} = 0.2059$, 退步快 5 倍 |
| 每天进步 10%, 所以 30 天后是 $1 \times (1+10\%)^{60} = 17.4494$, 进步快要 17.5 倍<br>每天退步 10%, 所以 30 天后是 $1 \times (1-10\%)^{60} = 0.0424$, 退步快要 24 倍 |

# 各种存钱方式的本息和算法

我们知道存钱有利息，且是复利形式，也就是所谓"利滚利"，也知道有多种存法与领法。但我们一般只知道一个公式：本息和 = 本金（1 + 利率）期数。这是不够的，这只适用于定期存款。但我们也知道银行会给我们另一种方式，也就每一个月存一次，"少量多餐"，也被称为零存整取。这两种的利息差是多少？

情况a：定存24万元，月利率0.1%，存一年请问可以领多少钱?

经过1个月：本息和 = $24 \times (1+0.1\%)$

经过2个月：本息和 = $24 \times (1+0.1\%) \times (1+0.1\%) = 24 \times (1+0.1\%)^2$

经过3个月：本息和 = $24 \times (1+0.1\%)^3$

经过4个月：本息和 = $24 \times (1+0.1\%)^4$

……

经过12个月：本息和 = $24 \times (1+0.1\%)^{12} \approx 24.289,6$万元，如图28。

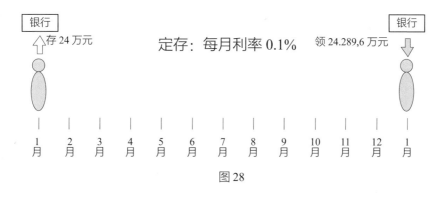

图28

可看出整存整取（定存）公式：本息和＝本金×（1＋利率）<sup>期数</sup>

情况b：每月存2万元，月利率0.1%，存一年请问可以领多少钱？

第1个月存入2万元，月初2万元。经过1个月：本息和 = 2×（1+0.1%）

第2个月再存入2万，月初本息和 = 2×（1+0.1%）+2

经过1个月，本息和 = ［2（1+0.1%）+2］×（1+0.1%）=2（1+0.1%）$^2$+2×（1+0.1%）

第3个月再存入2万元，月初本息和 = 2×（1+0.1%）$^2$+2×（1+0.1%）$^2$+2×（1+0.1%）+2

经过1个月：本息和 = ［2×（1+0.1%）$^2$+2×（1+0.1%）+2］×（1+0.1%）= 2×（1+0.1%）$^3$+2×（1+0.1%）$^2$+2×（1+0.1%）

第4个月再存入2万元，经过1个月：本息和

$$= 2×（1+0.1\%）^4+2×（1+0.1\%）^3+2×（1+0.1\%）^2+2×（1+0.1\%）$$

……

第12个月再存入2万元，经过1个月：本息和

$$= 2×（1+0.1\%）^{12}+2×（1+0.1\%）^{11}+2×（1+0.1\%）^{10}+\cdots+2×（1+0.1\%）$$

参考图29。

图29

这是等比级数，公比为（1+0.1%），所以可利用等比级数求和公式：

$$S = \frac{a(r^n - 1)}{r - 1}$$

得到

$$\frac{2 \times (1+0.1\%) \times (1-(1+0.1\%)^{12})}{1-(1+0.1\%)} = 2 \times (1+0.1\%) \times \frac{(1+0.1\%)^{12}-1}{0.1\%} \approx 24.156,6 万元$$

最后得到24.156,6万元。可以发现定存利息比较高，但定存需要一开始就要拿出全额本金。

---

可看出零存整付公式：

$$本利和 = \frac{每月存入 \times （1+利率）\times [（1+利率）^{期数}-1]}{利率}$$

---

**知识补充站**

　　银行如果让客户存钱还给客户利息，那么银行要如何赚钱呢？答案是它借钱给别人来赚取利息，或是推出各式各样的保险，或利用一定存款作投资，由以上获利来支付营业、人事的开销。其实银行最初的业务并不是让人存钱给利息的，而是别人来存钱还要收保存费用。

# 各种还钱方式的本息和算法

由前文各种存钱的本息和算法的情况a与情况b可知两种存款方式差异性。那还钱时一次还清和分期付款又有什么差别呢？这也等同于退休金的问题，即一次领回还是分期领回的问题。

情况c：借24万元，月利率1%，一年后请问还多少？

经过1个月：本利和 = 24×（1＋1%）；

经过2个月：本利和 = 24×（1＋1%）×（1＋1%）= 24×（1＋1%）$^2$；

经过3个月：本利和 = 24×（1＋1%）$^3$；

经过4个月：本利和 = 24×（1＋1%）$^4$；

……

经过12个月：本利和 = 24×（1＋1%）$^{12}$≈27.043,8万元，最后要还27.043,8万元。

参考图40。

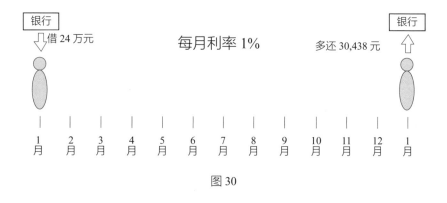

图30

不可思议的数学：必须知道的50个数学知识

可看出是一次还清是整存整付（定存）公式：

本利和＝本金（1＋利率）$^{期数}$

情况d：借24万元，月利率1%，每月摊还，一年还清，一个月还多少？

第1个月借24万元，目前欠24万元。

经过第1个月：欠款本息和＝24×（1＋1%）；

第1个月底还第1期$x$元，目前欠款＝24×（1＋1%）－$x$；

经过第2个月：欠款本息和＝（24×（1＋1%）－$x$）×（1＋1%）
$$= 24×（1＋1\%）^2－x×（1＋1\%）；$$

第2个月底还第2期$x$元，目前欠款
$$= 24×（1＋1\%）^2－x×（1＋1\%）－x；$$

经过第3个月：欠款本息和
$$=（24×（1＋1\%）^2－x×（1＋1\%）$$
$$-x）×（1＋1\%）$$
$$= 24×（1＋1\%）^3－x×（1＋1\%）^2$$
$$-x×（1＋1\%）；$$

第3个月底还第3期$x$元，目前欠款
$$= 24×（1＋1\%）^3－x×（1＋1\%）^2$$
$$-x×（1＋1\%）－x；$$

经过第4个月，还第4期$x$元，目前欠款
$$= 24×（1＋1\%）^4－x×（1＋1\%）^3$$
$$-x×（1＋1\%）^2－x×（1＋1\%）－x；$$

……

经过第12个月，还第12期$x$元，目前欠款
$$= 24×（1＋1\%）^{12}－x×（1＋1\%）^{11}$$
$$-x×（1＋1\%）^{10}－……－x。$$

还第12期，欠款还清，所以
$$0 = 24×（1＋1\%）^{12}－x×（1＋1\%）^{11}$$
$$-x×（1＋1\%）^{10}－……－x。$$

计算出$x$就是每月要还的钱。移项可得：

$$24×（1+1\%）^{12}=x×（1+1\%）^{11}+x×（1+1\%）^{10}+\cdots\cdots+x$$

这是等比级数，公比为（1+1%），得到：

$$24×(1+1\%)^{12}=\frac{x\left[(1+1\%)^{12}-1\right]}{(1+1\%)-1}$$

每月还款：$24×(1+1\%)^{12}×\dfrac{1\%}{(1+1\%)^{12}-1}≈2.132,4$万元。

参考图31所以每月还款2.132,4万元，总共还25.588,5万元。比起一次付清27.043,8万元，约少付1.455,3万元。

可看出分期付款公式：

$$每期还款=借款×（1+利率）^{期数}×\frac{利率}{\left[（1+利率）^{期数}-1\right]}$$

我们由此能大略理解，存款利息的计算以及分期付款的计算，当然在此计算的是固定利率，而实际上有时是用浮动利率计算的，所以必须再去请专门人员来计算。

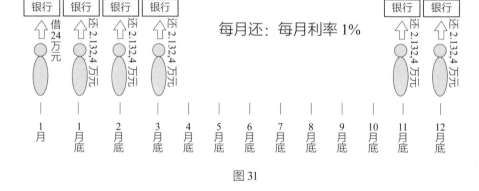

图31

（全书完）